中國琥珀賞玩誌

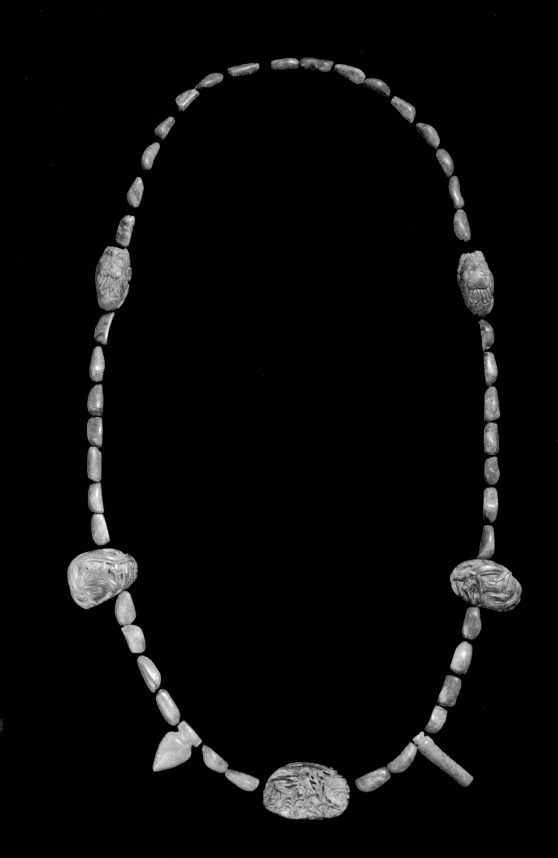

中國琥珀賞玩誌

楊惇傑◎著

太平有象琥珀鼻煙壺

目次

遼金神人乘龍琥珀掛件

魚形琥珀雙面雕件

明代雙龍獻壽蜜蠟帶板

清代琥珀獸印鈕

遼金高官厚祿琥珀臥鹿圓雕

明代和合蜜蠟寶盒

明代芍藥琥珀帽花

琥珀形制的辨別

　　琥珀質地透亮、輕盈靈巧，最常被用來做為佩飾器。佩飾器多是佩帶在身上的飾物，可縫於衣物上、穿戴在身上或頭上，也可掛在胸前或腰際。在古代，琥珀被稱為「遺玉」，通常被分類為玉的一系，有人稱之為「瑿」（意思是黑色美玉），因此在談到琥珀形制時，我們必須先從玉器的形制來探究。

　　禮書《周官》中，對於玉器的器形用制有相當詳盡的記載，而諸侯朝見天子時所用的「六瑞」，與祭祀天地四方所用的「六器」，據信是最早期的玉器形制。

六瑞：玉做成的器物，用於封官拜爵

　　封建時代講究君臣禮制，所謂的「六瑞」，是指鎮圭、桓圭、信圭、躬圭、穀璧與蒲璧，為各級爵位的信物。爵位以天子為首，其下分有公、侯、伯、子、男共六等爵位，天子和公、侯、伯的地位最高，所持的瑞器是「圭」；子和男的爵位較低，所持瑞器為「璧」。鎮圭、桓圭、信圭、躬圭分別由天子、公爵、侯爵、伯爵所執，圭的形制大致相同，以尺寸長短來分別尊卑，例如天子所用的鎮圭，長度一尺又二寸，公爵所用的桓圭，長度為九寸。按《周官·冬官考工記》所載：「玉人之事：鎮圭尺有二寸，天子守之；命圭（天子賜予王公大臣的玉圭）九寸，謂之桓圭，公守之；命圭七寸，

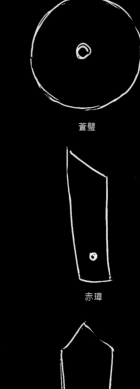

蒼璧

赤璋

青圭

「六器」是古代祭祀用的六種器物，分別為蒼璧、黃琮、青圭、赤璋、白琥、玄璜。琮是一種內圓外方的筒形玉器，用於祭地

黃琮

白琥

玄璜

謂之信圭，侯守之；命圭五寸，謂之躬圭，伯守之。」而穀璧和蒲璧則由子爵和男爵所掌，形制則以紋飾來區分：穀璧兩面琢穀紋（密集的凸起小圓點，點上帶小尾巴，像穀粒剛發芽之狀），蒲璧琢蒲紋（由三種不同方向的平行線紋交叉而成）。

六器：祭祀天地四方的六種禮器，形制、色澤根據五行之說

至於「六器」，則是指祭祀用的六種器物，分別為蒼璧、黃琮、青圭、赤璋、白琥、玄璜。《周官・春官大宗伯》記載：「以玉作六器，以禮天地四方：以蒼璧禮天，以黃琮禮地，以青圭禮東方，以赤璋禮南方，以白琥禮西方，以玄璜禮北方。」蒼璧、黃琮用於祭祀天地，青圭、赤璋、白琥、玄璜則是用來禮祭東西南北四方。蒼蒼者天，蒼璧就是用青玉製成的玉璧；黃土在下，黃琮則以黃玉製作，古代人對於天地的認知，就是「天圓地方」，因此祭天時，必須用的是圓形器物，因而產生了璧的形制。而方形的琮，自然就成為祭地的用器，其他四方所取的顏色和器形，則是根據五行之說加以變化。

由六瑞和六器這些基本器形，所衍生出的各種形形色色的形制，讓中國的傳統工藝，自成一套與文化相互融合的形制系統，影響甚為深遠。

「璧」為圓餅形，中有一穿孔，同屬圓形玉

器的還有瑗、環、玦，這三者都是璧的衍生器型。至於玉璧、玉瑗、玉環的劃分，則是由中心圓孔的大小來決定，據《爾雅・釋器》記載：「肉（器體）倍好（穿孔）謂之璧，好倍肉謂之瑗，肉好若一謂之環。」「肉」是指周圍的邊，而「好」是指當中的孔，若邊為孔徑的兩倍就是璧，孔徑較大者是瑗，孔徑與邊相等者是環；而「瑗」邊有一缺口者，則稱為「玦」。

除了做為禮器外，璧的主要用途是當作餽贈用的禮物，書信中所用的敬詞「璧謝」，意思便是送還所贈物品並致謝意。環是裝飾用器，做為手環或服裝上的飾物。瑗原來是兵器，後來演變為裝飾器；玦可做為符節器（用於證明身分的信物）、腰間飾物和耳飾。據《荀子・大略》所述：「聘人以珪，問士以璧，召人以瑗，絕人以玦，反絕以環。」意思是說當君主派遣使節出使時，會賜予「珪」做為信物，「璧」用來向名士垂詢意見，召見下屬時則用「瑗」，而「玦」是用來斷絕君臣關係，爾後若君主又想重新起用被貶謫的臣屬，則會使用「環」來表現心意。古人在情感上的深沉內斂，從器的講究就可見一斑。

「觿」是佩飾器的起源之一，起初是用獸牙、鳥骨之類的材質製成，古代研究《詩經》的著作《毛詩故訓傳》記載：「觿所以解結，成人之佩也。」觿是古代一種用來解結的錐子，腰間佩觿，

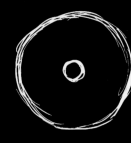

玉璧

玉環

同屬圓形玉器的璧、環、瑗、玦。玉璧、玉瑗、玉環的劃分，是由中心圓孔的大小而定；而「瑗」邊有一缺口者，則稱為「玦」。

玉瑗

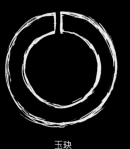

玉玦

觿是古代一種用來解結的錐子，佩戴於腰間。

代表已經成年。「勒子」也是原始的佩飾器之一，最早是以獸牙或骨管製成，有圓柱形、扁圓柱形、束腰形、橄欖形等，掛於胸前或腰間。

琥珀用器形制大觀

在中國，有關琥珀用器的文字紀錄始於漢代，據傳漢成帝的皇后趙飛燕，長年使用琥珀為枕，《西京雜記》中有段記載：「趙飛燕為皇后，其女弟在昭陽殿遺飛燕書曰：『今日嘉辰，貴姊懋膺洪冊，謹上襚三十五條，以陳踊躍之心。金華紫輪帽、金華紫輪面衣、織成上襦、織成下裳、五色文綬、鴛鴦襦、鴛鴦被、鴛鴦褥、金錯繡襠、七寶綦履、五色文玉環、同心七寶釵、黃金步搖、合歡圓璫、琥珀枕、龜文枕、珊瑚玦、馬腦彄、雲母扇、孔雀扇、翠羽扇、九華扇、五明扇、雲母屏風、琉璃屏風、五層金博山香爐、迴風扇、椰葉席、同心梅、含枝李、青木香、沉水香、香螺卮、九真雄麝香、七枝燈。』」除了文中的琥珀枕外，琥珀雕刻而成的瑞獸、琥珀佩飾、琥珀盒子，都曾見於文獻典籍中；此外，漢代陵墓中也曾出土過以琥珀製成的印鈕，其中一枚琥珀獅鈕閒章，長寬約兩公分，印文刻有「貴無驕、富無奢、傳後世、永保家」，十分難得。

「翁仲」、「剛卯」和「司南」屬於佩飾器，在漢代被稱為「辟邪三寶」。「翁仲」原為人名，

姓阮，秦代安南（現今越南）人，由於身材魁武、驍勇善戰，秦始皇便派他鎮守邊疆，多次擊退外族侵犯，威震匈奴，在他死後，秦始皇感念其功，便下詔以銅鑄翁仲之像，置於咸陽宮的司馬門外，驅邪避凶。爾後所發展出的人形佩飾，如各種神佛或童子佩飾，都是源自於翁仲的形制。

「剛卯」為一長柱四方體，柱中有孔可穿繩，四面刻有驅鬼愕疫等文字，由於在正月卯日製作，因此稱為剛卯。《後漢書‧輿服志》中記載：「正月剛卯既決，靈殳四方，赤青白黃，四色是當。帝令祝融，以教夔龍，庶疫剛癉，莫我敢當。」一些刻有詩文或吉祥文的牌片佩飾，都是由剛卯的形制演變而來。

「司南」又稱指南，也就是指引方向的指南針，延伸其寓意，司南珮也有指引人生方向的含意，在漢代十分流行，被譽為漢代三寶之一。標準的漢代司南珮長約一寸，腰有凹身，凹身以雙孔對穿，中刻一如意，下雕一圓盤，形制十分特殊。據東漢思想家王充的《論衡‧是應篇》記載：「司南之杓，投之於地，其柢指南。」「杓」是勺子，「地」指中央光滑的地盤，「柢」指勺的長柄。做成勺子式樣的司南，放置在堅硬光滑的「地盤」上，長柄會自動指向南方。司南珮上方有一勺子，下方有一盤子，中間部分有一陰線區分為南北二區域，佩帶司南珮，表示出入四方皆為吉位。後世常

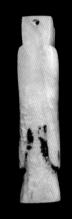

翁仲、剛卯及司南屬於佩飾器，在漢代被稱為「辟邪三寶」。此為翁仲造型。

剛卯是古代人們用作辟邪的飾物，四面都刻有辟邪文字。

司南珮長約一寸，腰有凹身，是一種用來指示南北方向的指南器。

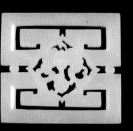

由司南珮衍生出來的工字珮。

見的工字珮，便是由司南珮所衍生出的特殊形制。

　　到了南北朝時代，琥珀的形制更為多變，除了飾品廣受喜愛以外，琥珀也開始被用來製作成日常用品，但因材料珍稀，造價十分昂貴。據《南史》記載，齊國末代君主東昏煬侯蕭寶卷（西元483年～501年），曾為寵妃潘玉兒打造一只九鸞琥珀釵，價格竟超過一百七十萬金，令人咋舌；又六朝南朝宋《宋書・武帝紀下》記載：「寧州嘗獻虎魄（琥珀）枕，光色甚麗。時將北征，以虎魄治金創，上大悅，命擣碎以付諸將。」可見琥珀在當時即被視為榮耀與地位的象徵。

　　琥珀的特殊色澤，常用來形容美酒的甘醇芳美，唐代詩人李白在〈客中行〉一詩有言：「蘭陵美酒鬱金香，玉碗盛來琥珀光。但使主人能醉客，不知何處是他鄉。」中國自古流傳的「夜光杯」傳說，據信便是以琥珀製成的飲酒杯具，如王翰的〈涼州詞〉便道：「葡萄美酒夜光杯，欲飲琵琶馬上催。醉臥沙場君莫笑，古來征戰幾人回。」月光杯一詞最早見於西漢東方朔的《海內十洲記》中：「周穆王時，西胡獻昆吾割玉刀及夜光常滿杯。刀長一尺，杯受三升，刀切玉如切泥，杯是白玉之精，光明夜照。暝夕，出杯於中庭，以向天，比明而水汁已滿於杯中也，汁甘而香美，斯實靈人之器。」其中描述夜光常滿杯的特質，與琥珀極為類似，有趣的是，西方考古學家也曾在英國東薩塞克

斯郡（East Sussex）的一處古墓穴中發現一只琥珀杯Hove amber cup，以整塊血珀雕刻而成，拋光精良，年代相當於中國的西周時期。唐代佛教盛行，琥珀又屬於七寶之一，以琥珀製作的佛像或佛塔相當常見，法門寺的地宮中也曾出土兩件琥珀瑞獸圓雕，應為當時禮佛用的供品。

遼金時期是中國琥珀藝術發展最蓬勃的年代，由於西方琥珀之路的開通，讓波羅的海一帶的琥珀得以傳入中亞，而遼代國力強盛，西方諸國每年都會派使臣進貢各種珍貴材料，其中便包括琥珀。據《契丹國志》卷二十一記載：「高昌國、龜茲國、于闐國、大食國、小食國、甘州、沙州、涼州，以上諸國三年一次遣使，約四百餘人，至契丹貢獻玉、珠、犀、乳香、琥珀、瑪瑙器。」契丹人愛用金器，更愛用琥珀，史學家認為，這與契丹人信奉佛教有關。

在遼代的陳國公主墓中，曾挖掘出兩千餘件的琥珀佩飾，其中最令人矚目的，便是公主與駙馬身上所佩戴的琥珀瓔珞。公主所佩的瓔珞，外圍是由兩百五十七顆琥珀珠、五件螭龍雕件及兩件瑞獸雕件以細金線串製而成，內圈則由六十顆琥珀珠搭配七件小型浮雕及一件雞心珮、一件管狀器串製而成。除了琥珀瓔珞，公主的耳環也是由琥珀搭配珍珠製成；而公主和駙馬的手中各握有一件琥珀握手，公主的握手上雕有雙鳳紋，駙馬的握手則是螭

英國琥珀杯

中式琥珀杯

琥珀念珠

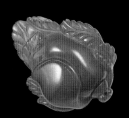

琥珀花葉小瓶

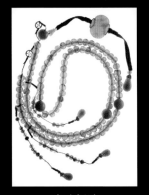

琥珀朝珠

帽花使用示意圖

龍紋，有大權在握的含意。墓中還有許多不同紋飾的琥珀小盒，雕有雙魚紋、鴛鴦紋、雁形紋等等，將琥珀的工藝發揮得淋漓盡致，不但數量龐大，做工更是細緻華美，質和量皆屬空前絕後，令觀者讚嘆不已。

　　由於雲南麗江、遼寧撫順一帶的琥珀礦脈相繼開採，明清時期的琥珀製品用途更為廣泛，除了服飾佩件和賞玩器物外，琥珀也被運用於鼻煙壺、杯盤、瓶碗、爐鼎及文房用具上，清宮的造辦處更以琥珀製成朝珠、扳指和齋戒牌等佩飾，做為皇室及官員間贈禮之用。隨著朝代更迭，琥珀形制與時俱進，以溫潤的材質特性與綺麗炫目的色彩，擄獲了千百年來無數藏家的心。

琥珀紋飾的歷史演變

　　紋飾和形制，就如同骨與肉般密不可分。「形制」著重器物的實用性，而工匠透過「紋飾」所展現出來的藝術感及文化性，則讓器物由單純的日常用品，提升至充滿故事性的藝術典藏。中國的紋飾藝術，可說是一部最完整的文化史書，記載著五千年來歷史的點點滴滴，從戰漢（戰國時代至兩漢）天人合一的思想、唐代的絕色風華、宋代的俊秀挺拔、遼金元的自然豪邁，到明清的豪奢浮誇，器物上的紋飾，比任何朝代的史官更為公正，忠實地記錄著各個時期的風土民情。正因如此，掌握各時期的紋飾特色，是鑑別器物年代最為關鍵的憑據。

由大自然的紋飾轉化為信仰性的紋飾

　　早在新石器時代的遺址中，中國就曾發現琥珀材質的飾品。從夏商周三代，一直到戰漢時期，器物上的紋飾都相當簡單。在這天地玄黃的洪荒時代，人類必須與嚴苛的自然環境搏鬥，求得三餐溫飽，生活的艱困，讓人類體會到自然的偉大，溫暖的太陽主宰了日夜交替、四季的更迭，使萬物生生不息，正因如此，「天」抽象的概念成了人類敬畏的對象。

　　這時期的紋飾主題，多半是以簡單的幾何線條，表現出人類眼中的大自然，如雲紋、穀紋等紋飾。困頓的環境需要堅定的信仰做為依靠，因此由「天」的抽象概念逐漸轉化為「神」的具體意象，

雲紋是最原始的紋飾線條，取自大自然。

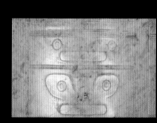

虛構的神話紋飾：神人紋。

穀紋取穀物發芽的樣子，也稱為蝌蚪紋、逗號紋。

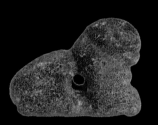

漢代中穿孔琥珀獸

唐代常見的飛天紋飾

犍陀羅時期的佛像

成為最原始的宗教概念，如此而有了神人紋、獸紋、龍紋、鳳紋等虛構的神話紋飾。

中西合璧的唐代紋飾

　　唐代國力強盛，在全世界占有舉足輕重的霸主地位，當時的工藝技術，也達到前所未有的輝煌成就。就紋飾部分，講究的是豐腴華美之貌，落落大方，一如代表富貴萬代的盛開牡丹，毫不矯揉造作。由於對外貿易活絡頻繁，再加上佛教盛行，此時期的紋飾風格亦帶有些許的西方色彩，融合印度、波斯、希臘三種元素而成的犍陀羅（Gandhara）藝術，隨著大乘佛教一同傳入中國，鼻梁高挺、五官深邃、外貌如希臘人的神佛塑像，自始流傳至今；胡人、飛天等外來紋飾在當時亦相當常見；屬於西方波斯與拜占庭風格的葡萄藤，與中國的瑞獸結合而成的特色紋飾也十分流行。

　　此種中西合璧的特殊紋飾，透過佛教的傳遞傳布至日本和東南亞等地，對於後世的工藝風格影響極為深遠。

風格寫實、構圖嚴謹樸質的宋代紋飾

　　宋代崇尚義理之學，「存天理，去人欲」為程朱理學的主軸，集合了儒家的倫常觀念、道家的自然無為、佛家的清心寡欲，宋代的藝術風格展現出前所未有的淡雅簡約，相較於隋唐時期的開放，宋

代民風更顯保守而內斂，紋飾風格較為寫實，構圖嚴謹而樸質。

此外，宋代的典籍中關於琥珀的記載也較以往更為詳盡，北宋寫實詩人梅堯臣的〈尹子漸歸華產茯苓若人形者賦以贈行〉一詩，除了描述琥珀的外觀，更對於其生成原因及科學特性多所描述：「因歸話茯苓，久著桐君籍。成形得人物，具體存標格。神嶽畜粹和，寒松化膏液。外凝石棱紫，內蘊瓊腴白。千載忽旦暮，一朝成琥珀。既瑩毫芒分，不與蚊蚋隔。拾芥曾未難，為器期增飾。至珍行處稀，美價定多益。」此為文學史籍中首見的蟲入琥珀記載，「琥珀拾芥」一詞，也指出了琥珀本身帶有靜電效應的科學紀錄。

遊牧生活衍生的特殊遼金紋飾

遼金時期，可謂是琥珀工藝的金色年代，當家做主的契丹和女真皆屬遊牧民族，草原文化的特色強烈，尊天敬地、崇尚自然，是遼金固有的文化底蘊。遼人對於漢文化十分推崇，從唐代開始，契丹與中原漢族接觸頻繁，遼太祖耶律阿保機統一契丹八部後，仿效中原王朝建立了典章制度，創造出契丹文字，學孔習孟，吸收了漢文化的精髓，再與自身原有的文化相互交融後，形成了特殊的遼金風格紋飾。

「四時捺缽」是遼代的特殊制度，依時序分

北京故宮典藏：遼金春水秋山玉牌。

「鶻啄天鵝」是遼金時期最具代表性的紋飾風格之一。

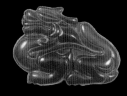

除了「春水」、「秋山」等代表遊牧生活的特殊紋飾外，源自前朝的神鳥瑞獸也是遼金琥珀造型經常取材的對象。

劉海戲金蟾是民間神話，有「劉海戲金蟾，一步一吐錢」之說，也用於琥珀造型，寓意財源廣進。

麻姑獻壽圖也是琥珀常見的吉祥紋飾。

馬上封侯玉器取吉祥寓意。

為春水、坐夏、秋山、坐冬，代表「春水」的鶻啄天鵝紋，和象徵「秋山」的山林獵獸紋，是此時期最具代表性的紋飾風格。源自於唐代佛教藝術的飛天、摩羯魚、螭龍紋、鳳紋、花鳥紋，也常見於此時期的作品中，在工藝上，鏤雕、淺浮雕、巧雕等技法純熟精練，線條剛柔並濟，刀法遒勁沉穩，紋飾中體現的充沛生命力，帶著野性與自然的深刻意蘊，在中國工藝史上留下不可磨滅的精采篇章。

講求吉祥寓意的明清紋飾

明清時期的琥珀形制種類繁多，紋飾部分則運用各種圖案組合或諧音變化，講求寓意吉祥。舉例來說，蝙蝠代表福從天降，靈芝取其長壽健康，花鳥意謂喜上眉梢，瓜果則稱多子多孫，而各式各樣的民間傳說，例如八仙報喜、麻姑獻壽、歲寒三友、和合二仙、劉海戲金蟾、馬上封侯、太獅少獅、羲之愛鵝等典故傳說，也都融入紋飾之中。歷經數千年的累積，吉祥紋飾以耳濡目染的方式代代相傳，內容廣泛且豐富，形式更是多采多姿。紋飾的藝術發展至此，不僅在形象上追求盡善盡美，更要能滿足人類內心企盼平安幸福、富貴昌盛的渴望。

紋飾的鑑賞，不但是辨別古物年代的金玉良方，更是珍貴的無形資產，見證千百年來中國的文化演變，訴說著一件又一件的歷史軼事。

優遊琥珀文化

琥珀，在其瑰麗潔淨的透明外表下，包裹著存續千萬年的美麗與深情；透著光，她的色彩詭譎多變，時而燦若丹霞，時而色如渥丹，詳加端視，一不留意便墜入幻夢，如同置身浩瀚無垠的璀璨銀河中，為之目眩，心神著迷。

琥珀的魅力無遠弗屆，跨越了時間、地域、種族，擄獲了人類的心神。琥珀的英文名為Amber，源自於古拉丁文中的Ambrum（精髓），另有一說是來自於阿拉伯文的Anbar（海上漂流物）。希臘神話中，阿波羅的兒子法厄同（Phaeton）因無法駕馭太陽車而失控，被宙斯用閃電擊死，其妹因悲傷過度，在岸邊化做一株白楊樹，而她的眼淚落入水中後便成了晶瑩的琥珀；北歐傳說中，海神之女因遺失了心愛的項鍊而傷心落淚，灑在海面上的淚珠變成了一串串珍貴的琥珀，這也是安徒生童話中「美人魚」的發想起源。在這些凄美故事的點綴之下，使得琥珀在西方文化中備受寵愛。

《法厄同墜落太陽車》。法厄同是太陽神阿波羅的兒子，因無法駕馭太陽車而造成世間許多災難，後被宙斯用閃電擊死，從車上墜落。

琥珀與歐洲

北歐的波羅的海沿岸是琥珀的發源地之一，至今也仍是琥珀的重要產區。琥珀是中生代白堊紀至新生代第三紀松柏科植物的樹脂，經地質變動而產生石化作用所形成的有機混合物。四千萬年前，波羅的海曾經是一片茂密的原始森林，樹木在枯死後層層堆砌掩埋，其所分泌的豐富樹脂，經過數千萬年的壓力及地熱作用，形成了豐富的琥珀礦源。爾後因地殼變動，原來的大片森林變成了海洋，而沉積於底部的琥珀原礦，在海浪的沖刷之下逐漸漂流至岸邊。當時的漁民在捕撈海藻和漁獲時，發現了這種光彩奪目的礦石，進而成為一種特殊的海上採礦產業。

直至十三世紀初十字軍東征時期，琥珀的開採遭到管制，所有的礦產必須上繳，嚴禁私下買賣。自此之後，琥珀便成為皇室貴族專用的珍貴寶石。歐洲人對琥珀的需求與日俱增，但因歐洲中部的阿爾卑斯山脈層層阻隔，無法大量運送琥珀，因此商人將波羅的海所購得的琥珀向南經過波西米亞，貫穿了歐洲大陸，運送至

波羅的海沿岸是琥珀的發源地及重要產區之一，圖為沿海撈捕琥珀的漁民。

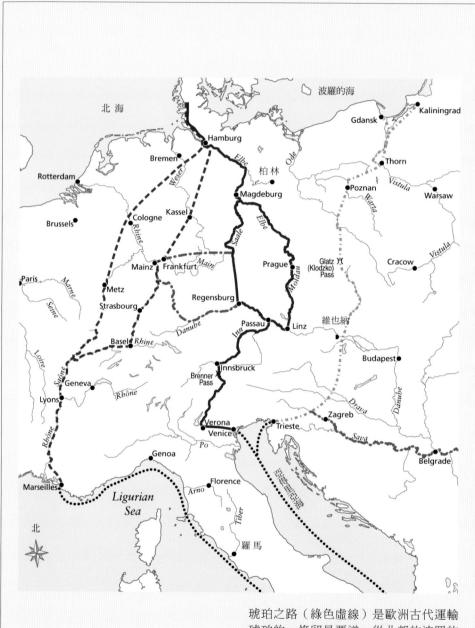

琥珀之路（綠色虛線）是歐洲古代運輸
琥珀的一條貿易要道，從北部的波羅的
海通往南部的地中海，連結歐洲的多個
重要城市。

琥珀宮始建於1709年，1979年由蘇聯政
府重建，位於凱薩琳宮內。

歐式琥珀雕件。玫瑰部分為優化琥珀，
硬度、透度較佳；中央霧狀為加熱凝聚
的琥珀酸。

地中海地區，打通了北歐和地中海區域的通路，這條極為重要的商道，被稱為「琥珀之路」。此後更向東發展，連接了另一條重要商道「絲綢之路」，將琥珀等珍貴礦產傳至波斯、印度和中國等地，促進了歐亞大陸密集頻繁的商業往來。

北歐人相信，佩戴琥珀能趨吉避凶，同時更具有強身健體的功效，琥珀的飾品因而在歐洲貴族間蔚為流行，其中最為豪奢的，莫過於俄羅斯凱薩琳宮（Catherine Palace）內的琥珀宮。

琥珀宮始建於1709年，最早是德國王室的財寶，當時的普魯士王國經濟發達，國家昌盛，原本只有侯爵頭銜的腓特烈一世（Friedrich I）在1701年時為自己加冕，成為普魯士第一代國王。為了仿效法皇路易十四的豪奢生活，腓特烈一世號令普魯士最有名的建築師，使用在當時比黃金價格貴上十二倍、俗稱「北方之金」的

琥珀原料，並以鑽石、黃金和各式珠寶點綴，興建一座琥珀宮殿。琥珀宮的總面積不大，約十六坪，但由於質地易脆，加工難度極高，耗費了近十年的時間才完工，所用的琥珀、黃金和寶石總重量超過六噸，其奢華程度聞所未聞。當宮內的五百六十五根蠟燭同時點燃後，琥珀宮就如同黃金般燦爛奪目，滿室生輝，可謂名副其實的金碧輝煌。

　　十八世紀中葉，歐洲內陸戰禍連年，普魯士與俄國結為盟友，為表兩國深厚情誼，當時的國王威廉一世便將琥珀宮贈送給沙皇彼得大帝，從此，這座價值連城的琥珀宮殿便長存於凱薩琳宮內，直到1941年納粹入侵蘇聯，位處市郊的凱薩琳宮遭德軍攻占，納粹士兵們將琥珀宮整座拆卸下來，裝滿二十七個大鐵箱運回了德國的柯尼斯堡（Konisberg），但是二次大戰結束後，這二十七個鐵箱卻離奇消失了。

　　1979年，蘇聯政府號召五十餘位一流雕刻家重建凱薩琳宮內的琥

珍貴的蟲珀，包覆的昆蟲清晰可見。

珀宮，依照殘存的文獻紀錄及大批照片，投入巨額資金，歷經二十四年的精雕細琢方才完成，造價超過了兩億五千萬美元，而其背後的歷史價值與意義，更是金錢難以衡量的。

琥珀與中國文化

　　中國人愛琥珀，她是止血療傷的上品良藥、皇家御用的進貢珍寶，也是禮佛用的佛教七寶之一。由於本身的特殊光彩，加上原料珍貴稀少，取得不易，中國古代對於琥珀這種瑰麗的寶石產生許多附會與傳說，為琥珀增添了一份神祕的氣息。

撫順煤珀手珠

　　早期文獻多將琥珀寫成虎魄，明代李時珍於《本草綱目》記載：「虎死目光墜地化為白石。」這塊白石就是指虎魄。古人相信，生物都有陰陽兩氣，陽為魂、陰為魄，魂魄生則聚，死即散，死後魂升歸天，魄降於地。然而光彩絢麗的琥珀是如何與猛虎產生聯想的？虎生性凶猛，陽盛剛強，虎皮、虎骨、虎血、虎爪都被視為上等藥材，而由於虎的夜視能力強，傳說能一目放光、一目看物，遭獵殺時，炯炯目光在暗夜中隨著虎身倒下，就如同墜入地面，獵人殺虎後試著挖掘虎身下的土地，卻挖出了原本就埋藏在地底下的琥珀礦石，便將其視為虎的精魄，以訛傳訛下，才產生中國人對於「虎魄」的誤解。

　　除了「虎魄」外，古書中對琥珀還有許多不同的稱謂。《山海經·南山經》記載：「麗𪊨之水出焉，而西流注於海，其中多育沛，佩之無瘕疾。」其中的育沛便是琥珀。東漢

飛天造型的琥珀

王充《論衡・亂龍篇》有一段描述：「頓牟掇芥，磁石引針，皆以其真是，不假他類。」文中提到的「頓牟」也是指琥珀。另外，古人視為黑色美玉的「瑿」，或被稱為「遺玉」者，都是妾身未明時的琥珀別稱。

正名後的「琥珀」，最早見於漢代典籍中，西漢初年陸賈的《新語・道基》記載：「琥珀、珊瑚、翠羽、珠玉，山生水藏，擇地而居。」東晉常璩撰寫的《華陽國志・南中志》記載：「永昌郡地出光珠、琥珀、翡翠、水精、琉璃。」《後漢書・西南

夷列傳》也提到：「哀牢出水精、光珠、琥珀、琉璃、翡翠。」而西晉時期，張華在《博物志》裡對琥珀的形成有著較為貼切事實的描述：「松柏脂入地，千年化為茯苓，茯苓化為琥珀。」唐代田園派詩人韋應物的〈詠琥珀〉一詩：「曾為老茯神，本是寒松液；蚊蚋落其中，千年猶可觀。」對包覆著昆蟲的蟲珀，也有了初步的認識。

《全唐文》中曾收錄一篇〈琥碧拾芥賦〉，對於琥珀的記載和描述應為古書典籍中最為翔實者：「天地之

中國琥珀喜歡以吉瑞圖案及花鳥圖為雕刻題材。

根，孰知其源，忽而化化，爾存存。琥珀拾芥，鳳形精蕘，物之冥會，出乎意外。於是氣以冥合，物由化造。礎因雲以積潤，燧取火而就燥。伊琥珀之為珠，亦鳳形而吸草。既璀錯以瓊豔，又熒煌而金藻。爾乃探其至賾，持其自然，手與心愜，視與目全。美寶擢色以臨矣，飛芒乘虛而附焉。此見機而作，間不可省。彼因感而應，道不可傳。故能異質吻合，殊途元通，播形的，透影玲瓏。似乎月含桂以貞明，泉泛籜而映淨，雲發彩於虹玉，竹乘陰於鵲鏡。」

隨著時代演變，人類對於琥珀的喜愛絲毫未減，琥珀除了做為美麗的飾品外，也是稀有的中藥良材，現代的化工原料也少不了它；而其中的蟲珀，更是在昆蟲分類學及演化研究上最珍貴的資源。琥珀不僅是大自然萬年的恩惠，也承載著人類數千年的歷史與文化，在琳瑯滿目的寶石礦物裡，琥珀的特殊光華令她獨樹一格，耀眼奪目。

琥珀文創作品賞析

幸福人生

材質：清代罕見紅色琥珀蝴蝶、黃K金、白鑽、紅瑪瑙。

雕件：清代紅色琥珀（又稱血珀）蝴蝶雕件，工藝拙樸簡約，長40cm，寬35cm。

設計理念：配合蝴蝶雕工，上方特以黃K金、白鑽鑲嵌成兩對蝴蝶雙翼，中間則以一對紅瑪瑙圓珠相連，代表比翼雙飛、幸福美滿。

佛光福澤

材質：清代蜜臘佛像、黃K金、白鑽、紅寶、藍寶、翠玉。

雕件：清代蜜臘佛像雕件，面相慈悲威嚴，雕工典雅，為罕見作品。長54cm，寬38cm。

設計理念：配合蜜臘佛像雕件，四周特以黃K金、白鑽、紅寶、藍寶、翠玉鑲嵌出背光，象徵佛光普照，下方則順其形制，以黃K金、白鑽、翠玉鑲嵌成佛座。整件作品莊嚴沉穩，庇佑佩戴者闔家平安、幸福。

招財進寶

材質：清代琥珀微雕、黃K金、白鑽、翠玉。

雕件：清代琥珀微雕財神爺，笑逐顏開，手執元寶，雕工精細。長5.5cm，寬2.5cm，厚1.2cm。

設計理念：本微雕原件僅以黃K金、翠玉在上方鑲嵌成雙面錢紋圖騰，象徵迎神納福、招財進寶之意。

招財進寶

幸福人生

佛光福澤

鶼鰈情深

材質：清代圓形蜜蠟牌、黃K金、白鑽、紅翡、囍字翠玉圓雕。

雕件：清代圓形蜜蠟牌，外圍雕有吉祥如意紋飾，內側則微雕荷葉及一對鴛鴦，雕件精美。直徑5.6cm。

設計理念：本件蜜蠟牌描繪的是荷塘上鴛鴦戲水怡然自得的喜慶景象，順其原雕的吉祥如意紋飾，上方以黃K金、囍字翠玉牌鑲嵌同一圖騰，其下則以紅翡、白鑽鑲嵌成象徵團圓的圖飾串連。整件作品不僅保有蜜蠟牌原有的沉靜美好韻致，更在鶼鰈情深的款款情意外，添加了吉祥如意、喜氣洋洋等世人對祥瑞的永恆企望。

福壽雙全

材質：清代福壽雙全蜜蠟牌、黃K金、白鑽、紅瑪瑙、小翠玉環。

雕件：清代蜜蠟牌主雕壽字，四周及中間雕有成對蝙蝠（福），下方雕有雙錢（全）紋飾。長5.5cm，寬4.5cm。

設計理念：順其象徵福壽雙全蜜蠟牌雕件，上方另以黃K金、紅瑪瑙鑲嵌成蝙蝠，連接以黃K金、小翠玉環鑲嵌錢紋。壽是五福之首；而「蝠」取諧音「福」，有「福在眼前，綿綿不絕」的含意，整件作品呈現出「福壽雙全」的象徵，還多了一份喜氣與貴氣。

鶼鰈情深

福壽雙全

琥珀的真偽鑑定

　　要分辨琥珀的真偽，必須先了解琥珀的特性和成因。

　　琥珀是第三紀松柏科植物所分泌的樹脂，經地質作用沉積壓縮，深埋在地層內數千萬年，原有的松香樹脂失去了揮發成分，並聚合、固化而形成了化石般的琥珀礦脈。在寶石學的分類中，琥珀屬於有機礦物，由碳、氫、氧三種元素以不同比例組成，有時還會含有少量的硫化氫。琥珀的化學式為$C_{10}H_{16}O$，主要成分是琥珀酸、琥珀脂醇和琥珀油。琥珀為非晶體質，摩氏硬度介於2～2.5間，密度為1.05～1.1 g/cm^3，折射率約1.54，常見顏色為淺黃、黃至深褐色、橙色、紅色，光澤油亮，呈透明或半透明，質地輕脆，裂口為貝殼狀，無解理，熔點約在150℃。

坊間形形色色的真偽琥珀製品，肉眼難辨。

辨別真偽琥珀的方法：鹽水比重法

　　利用科學的特性，檢驗琥珀礦質最簡單的方式，便是「鹽水比重法」，以鹽與水1：4的比例調配鹽水，也就是每100毫升的水添加14公克的鹽。天然琥珀的密度約在1.05～1.1g/cm^3間，可浮於鹽水上；而坊間常見的仿製琥珀材料，如塑膠和膠木（Bakelite，人造樹脂），密度則介於1.25～1.55g/cm^3間，會沉入鹽水中。

　　有些人會以琥珀香氣來鑑別真偽，其實琥珀生成歷經數千萬年，表層已呈化石狀態，原有的香

鹽水比重法：用比重1.18鹽水測試，偽琥珀會沉入水中，真琥珀會浮在水面，立刻就能清楚辨別真偽。

優化琥珀內部會產生蓮葉狀裂紋。

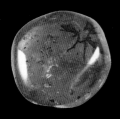

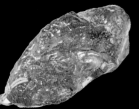

壓縮琥珀是由細小的琥珀碎塊添加黏著劑後經加熱加壓製成，常被用來製成仿冒的蟲珀。上圖為真蟲珀，下圖為偽造的蟲珀。

氣早該消散殆盡，即使殘留，也只有淡淡清香，若表面香味濃重者，必定是經過塗抹或泡製於松香油中。利用指甲油的去光水（乙醚）的化學特性，也是簡易測試琥珀真偽的方法之一，由於乙醚揮發性強，在真琥珀的表面沾抹少許去光水，因揮發速率大於化學作用效率，真琥珀不會因化學反應而產生腐蝕痕跡，但柯巴脂或樹脂的反應速率很快，很容易就在表面產生腐蝕性斑痕。

另外，有些人會以直火燒熔來測試琥珀的真偽，筆者並不建議此種破壞性的測試方法。事實上，燃燒後會產生香氣的，可能是真琥珀，但也有可能是柯巴脂或松香樹脂，甚至是浸泡過松香油的塑膠琥珀。萬不得已，建議可用燒紅的熱針來做破壞度最輕微的測試，真琥珀以熱針探測，最多只能刺入表面，難以深入內部，針頭拔出後亦不會產生黏稠的絲狀物，其氣味應是淡淡的松香味；相反的，若是樹脂製品，熱針會相當容易就刺入內部，並產生黏稠感，氣味會略帶焦味，而塑膠或賽璐璐製品，則會產生樟腦味或刺鼻的化學氣味。

由此可見，了解琥珀的物理和化學特性，是辨別真偽的首要步驟，但即使符合科學上該有的特性，是否代表這就是真的琥珀？這個答案必須從何謂「真偽」來談起。事實上，即使在成分上屬於所謂的「真琥珀」，也有三種不同的材料等級之分：

（1）**天然琥珀**：真琥珀等級最高者，是由琥珀

原礦直接雕琢、拋光而成。

（2）**優化琥珀**：由天然琥珀經過人工「優化」，在符合出產國所規定的加工標準下，進行熱處理或加壓處理，以提高其硬度及透明度。此種優化琥珀在波羅的海一帶相當常見，由於硬度和透明度都比原始的琥珀更佳，常被用來製作成串珠或手鐲，在歐洲市場上的價格，曾經一度凌駕於天然琥珀之上。在優化的加工過程中，加熱加壓過的琥珀經過長時間自然冷卻後，會產生出透明度極佳的優化琥珀，而若是在加熱、加壓後急速冷卻，優化過後的琥珀內部常有顯而易見的圓盤狀或蓮葉狀裂紋，也就是坊間常見的琥珀爆花。

（3）**壓縮琥珀**：這是真琥珀中價值最低者，是由細小的琥珀碎塊添加黏著劑後，經加熱加壓製成。常被用來製成仿冒的蟲珀，或是添加螢光劑製成非天然的藍珀、綠珀。

重新壓製融合的壓縮琥珀

幾可亂真的偽琥珀——柯巴脂

在「偽琥珀」中，性質最接近琥珀的，是一種成分也屬於天然樹脂的柯巴脂（Copalli）。柯巴脂的成因與琥珀極為相似，但因埋藏於地層中的年代不足（通常都低於三百萬年），在未經足夠的地殼壓力及地熱處理下，樹脂並未轉化為化石狀態，因此不能稱之為琥珀。由於熔點較低，在接觸空氣後，柯巴脂更容易受到環境影響而產生風化作用，

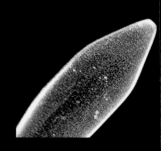

柯巴脂的顏色多呈淡黃色澤，比起琥珀更為通透。

帶有類似冰裂效果的細紋，但僅見於表層，與琥珀的冰裂深入內部有所不同。

因為與琥珀有相似的生成過程，柯巴脂中也常見包覆著昆蟲或花草等內容物的現象，但其內部所含的昆蟲多為常見的現代品種，價值與真正歷經千萬年而成的蟲珀相距甚遠。不過柯巴脂雖非琥珀，卻仍具一定的經濟價值，早在哥倫布時代，中南美洲一帶的原住民就拿柯巴脂當作祭祀儀式中焚燒祭拜的香料，其英文名Copalli，便是來自於古納瓦特爾語（Nahuatl language）中的「香」。現代工業也常利用柯巴脂為原料，用來生產油氈、清漆和墨水等產品。

辨別柯巴脂和琥珀的方法很多，目測是最簡單的一種。在外觀上，柯巴脂較為通透，顏色多呈淡黃色澤，而琥珀的內含物較高，顏色則偏橘黃。

人工仿製琥珀的材料——膠木

人工仿製琥珀的傳統材料膠木，最早出現於1907年，是由比利時裔科學家貝克蘭（Leo Bakeland）在一次化學實驗中，將苯酚和甲醛溶合反應後製出的酚醛樹脂。他萬萬沒料到，這種無意間發明的原料，竟深遠地影響了往後的人類歷史，這也就是現今充斥於各個工業領域，俗稱為「塑膠」的原型材料。由於膠木的可塑性極高，加工甚為方便，並可添加不同染劑改變成色，除了被用來

琥珀手鐲

合成樹脂雕件

做為仿製琥珀的材料之外，也經常被用於仿製象牙製品。

　　雖說是仿品，與現代塑料不同的是，膠木經由佩戴或把玩，質地會更顯溫潤感，並散發出淡淡的特殊香氣；而隨著年代的演進，以膠木製成的首飾，在國際拍賣會中，也被視為古董首飾類的一種品項，具有一定的收藏價值。1985年，在費城的一場拍賣會中，便有一款古董膠木首飾以美金一萬七千元的天價賣出。

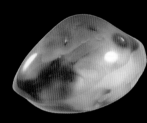

賽璐璐合成琥珀

人工塑料仿製品

　　至於最劣質的琥珀仿製品，則是由塑膠、壓克力等人工塑料粗製而成。早期的塑料仿品，外觀光潔無瑕，與琥珀溫潤的光澤結構大相逕庭，摩擦後還會散發出塑料的臭味；品質差者，更帶有氣泡狀的內容物，甚至還能看出模具相扣的接合線，經由仔細觀察，應能輕易分辨真偽。然而科技日新月異，琥珀礦源更是日益稀少，越來越多難以分辨的人工仿品充斥於市面，讓有心想接觸琥珀的新手藏家們防不勝防。

塑膠製蜜蠟珠

　　筆者建議，入門者要切記八字箴言：「先求真，再求老與精。」此乃收藏的不二法門。琥珀「求真」的方法單純，透過文字便能簡單傳授，前文亦已多所著墨，至於「求老」、「求精」，就端看個人的修行深淺了。

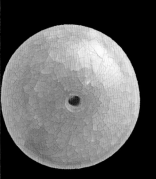

有清晰裂紋的真蜜蠟珠

蜜蠟菩薩

　　此外，坊間常有「千年琥珀，萬年蜜蠟」的說法，以年代來區分琥珀與蜜蠟，但實際情況並非如此。琥珀與蜜蠟的化學成分和生成年代完全相同，都是歷經千萬年地質作用所產生的樹脂化石，而所謂的蜜蠟，就是樹脂中的琥珀酸含量較高，琥珀酸所形成的霧狀結晶滿布於礦石內，使蜜蠟呈現不透明的外觀。事實上，無論是琥珀或蜜蠟，內部都具有琥珀酸的成分，差別只在於含量多寡：含量少的，透明度自然較高；含量多的，就會變得混濁不透明。因此，所謂的「千年琥珀，萬年蜜蠟」，只是某些商家為了增添蜜蠟的身價所提出的謬誤說法而已。

　　收藏是一堂學無止境的課題，相較於文字上的理論探討，這堂課的實務經驗累積更為重要。讀者要謹記，收藏有「三不」：不急著購買、不貪小便宜、不雜亂無章地濫收一通；而收藏也有「三多」：多看博物館藏品、多閱讀相關歷史典籍，以及有機會多上手盤玩實際真品。依循著這「三不」和「三多」的原則，久而久之，鑑別能力必能大幅提升，這就如同琥珀的生成須經千萬年的孕育淬煉，不能速成，此心法單靠文字的敘述無法言表，須由實際的經驗累積，到達一定的程度後方可意會。筆者已浸淫其中十數載，仍覺自身不足，略懂皮毛，還需努力精進，與各位藏家同好共勉之。

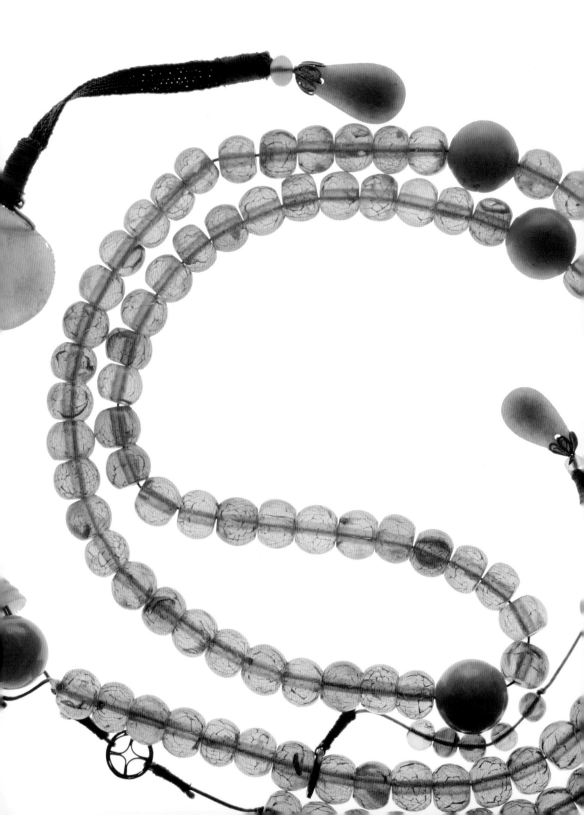

琥珀藏品藝廊

橫跨千年的琥珀珍藏，風華一次展露。以下精選106件珍品，從漢朝到民初，年代跨越千百年，除了賞玩琥珀原有的風貌，也展現中國歷代工匠精湛的琥珀工藝，從講究的做工與雕工上，還可看出每個朝代所鍾情的造型與獨特的品味。除了內文的相關介紹，每件作品的尺寸都另有清楚標示。

遼金琥珀螭龍紋瓔珞握手

長度：58mm，寬度：44mm，厚度：18mm，重量：22g

　　瓔珞的起源據信是印度等南亞一帶，又稱為纓絡、華鬘。在佛教尚未盛行前，瓔珞是印度貴族使用的長串掛件飾品，據《妙法蓮華經》記載：「金、銀、琉璃、硨磲、瑪瑙、真珠、玫瑰七寶合成眾華瓔珞。」其主要材質為珍珠、寶石、琥珀和貴重金屬，為世間眾寶集合而成，有光明無量的含意，

《法華經·普門品》有言：「解頸眾寶珠瓔珞，價值百千兩金而以與之。」隨著佛教盛行，瓔珞於唐代傳入中國，成為王公貴族身上的華美頸飾。

　　此件作品為整串瓔珞的其中一個部件，雕有遼金特色的螭龍紋，皮殼完整自然，由此可窺見遼金時期工藝的獨到特色。

正面

反面

海東青琥珀圓雕

長度：57mm，寬度：20mm，高度：38mm，重量：12g

海東青是傳說中的靈禽，帶有神祕的邊疆民族色彩，在中國歷史上，這種帶有神奇色彩的獵鷹還曾挑起女真和契丹兩族的仇恨，最終更導致了遼代的滅亡。遼代末年，天祚帝（耶律延禧，1075～1128年）好狩獵，在當時的女真境內，也就是俄羅斯東部地區的大海裡產有一種大如彈丸的珍珠，深受契丹人喜愛。每年十月此種蚌類成熟時，海邊常結冰數尺之深，無法靠人力鑿冰取珠，當地有種天鵝專以此種蚌類為食，而海東青正是捕捉這種天鵝的能手。天祚帝為了捕鵝取珠，常年向女真部族索取神鳥海東青進貢，女真人不堪其擾而起兵反抗，終使遼國滅亡。

海東青身長不足二尺，卻能狩獵天鵝這種大型獵物，速度如雷鳴閃電，力量如千鈞擊石，女真族稱之為「雄庫魯」，意思就是世界上飛得最快最高的鳥，有鷹神的含意。海東青深受古代帝王喜愛，而清朝皇室本屬女真一族後裔，對海東青更是推崇有加，為滿族人最崇高的圖騰象徵，代表勇敢、堅忍、正直。康熙皇帝還曾為海東青的剛猛堅毅，題詩讚嘆：「羽蟲三百有六十，神俊最數海東青。性秉金靈含火德，異材上映瑤光星。」

本件海東青琥珀圓雕，線條俐落樸實，刻工自然而不矯作，為典型的遼金風格佳作。

清代老銀鑲嵌蜜蠟鼻煙壺

長度：69mm，寬度：38mm，厚度：22mm，重量：71g

　　一般人通常會將鼻煙和鴉片混為一談，其實是錯誤的觀念。鼻煙起源自美洲大陸，是印第安人的特殊習俗，後由哥倫布帶回歐洲，於十七世紀最為興盛流行。至於中國人抽鼻煙的歷史，可以上溯自明穆宗（1567～1572年）隆慶年間，由義大利傳教士利瑪竇進貢給皇帝，當時稱之為「士那乎」；一直到雍正年間，才正名為「鼻煙」。

　　由於是從宮中開始流行，鼻煙價格十分昂貴，也因如此，工匠們才會費心創作出許多不同材質工藝的鼻煙壺，用來珍藏鼻煙。

清代佛手瓜形琥珀鼻煙壺

長度：68mm，寬度：52mm，厚度：34mm，重量：73g

　　鼻煙的製作工藝十分考究，使用的主原料是一種晾曬過的優質煙草，經過發酵磨碎後，再加入麝香等名貴中藥材，以及花卉提煉出來的天然香精，一起調和成粉狀煙末。煙味一般分為膻、糊、酸、豆、苦等五種，使用時以手指沾少許鼻煙粉吸入鼻中，有醒腦提神、通竅避疫的作用。

　　論鼻煙壺的藝術成就，可謂集中國所有工藝之大成，由於鼻煙的珍貴稀有，其裝盛的容器鼻煙壺，自然成為達官貴族們爭奇鬥豔、誇豪顯富的奢侈用品。

民初雙瓶鋪首蜜蠟鼻煙壺

長度：46mm，寬度：42mm，厚度：18mm，重量：52g

　　雍正、乾隆時期，鼻煙壺的珍貴材質和精湛技藝，達到了歷史的高峰，除了竹木牙角和玉器外，金屬、料器、陶瓷、水晶、石材、骨、貝等各種材質，都可做為鼻煙壺的材料。在工藝上，鼻煙壺的製作，更包含了雕刻、書畫、鑲嵌、焊接、內繪、鍛造、點翠、琺瑯、掏膛等各種技術，甚至是傳統的刺繡工藝，也被運用於鼻煙壺袋的製作上。小小的煙壺上，可以看見中國五千年工藝歷史和文化底蘊。

清代梅竹紋琥珀鼻煙壺

長度：70mm，寬度：52m，厚度：20mm，重量：28g

自古以來，竹子俊秀挺拔的形意神韻深植人心，騷人墨客詠竹、畫竹、用竹、賞竹，視竹為友，樂與為伴，竹子成為雅俗共賞的共同語彙。而竹子獨特的生長習性，常被用來形容正人君子的高尚風骨：竹根穩固，象徵意志堅定；竹身挺立，象徵正直無私；竹中空心，象徵虛心謙沖；竹身有節，象徵品德貞節；竹葉飄逸，象徵脫俗瀟灑；竹枝柔而不折，象徵剛柔並濟。

白居易曾在〈養竹記〉一文自述：「竹似賢，何哉？竹本固，固以樹德。君子見其本，則思善建不拔者。竹性直，直以立身。君子見其性，則思中立不倚者。竹心空，空以體道。君子見其心，則思應用虛受者。竹節貞，貞以立志。君子見其節，則思砥礪名行，夷險一致者。夫如是，故君子人多樹之為庭實焉。」北宋文豪蘇東坡愛竹至甚，常以竹為文抒寫心性，他有〈於潛僧綠筠軒〉詩：「可使食無肉，不可居無竹。無肉使人瘦，無竹令人俗。」蘇東坡的表哥文同，則是史上最著名的畫竹名家。

文同（1080~1079年）字與可，自號笑笑先生，他所畫的墨竹獨樹一格，以深墨竹葉為面，淡漠骨幹為背，竹形俊秀灑脫，栩栩如生。蘇東坡在〈文與可畫篔簹谷偃竹記〉中盛讚文同：「故畫竹，必先得成竹於胸中，執筆熟視，乃見其所欲畫者，急起從之，振筆直遂，以追其所見，如兔起鶻落，少縱則逝矣。」時人將此種畫風稱為「湖州畫派」，文同也因此被冠上「文湖州」的雅號；而成竹於胸，也就是成語「胸有成竹」的由來。

此件鼻煙壺紋飾雕工簡單，壺身器形雅致，頗具古意。

太平有象琥珀鼻煙壺

長度：81mm，寬度：38mm，厚度：24mm，重量：37g

在中國歷代君王中，只要文治武功受到肯定，每逢太平盛世時，南方番國往往會貢奉象牙，甚至餽贈這種巨無霸型的動物。因此在中華文化中，大象是和平及太平盛世的象徵。

明、清兩代的玉器中，象形玉器頗多；一般有圓雕，供放手中把玩或做掛飾；也有被雕飾為如意上的嵌件，甚至雕成大件擺飾。一般做為擺件的象飾，背上馱有一瓶，瓶諧音「平」，寓意平安、和平。此瓶大都仿戰國之青銅器，而在象的身上則披有一條盛裝瓔珞的毯子。這類作品，習稱「太平有象」或「太平景象」，是象徵和平的吉祥物，有時也會以童子取代瓶子，結合為童子洗象，也有萬象更新、世道吉祥的寓意。

正面　　　　　　　　　　　　　　　　　反面

民初松鼠葡萄琥珀鼻煙壺

長度：76mm，寬度：36mm，高度：24mm，重量：26g

　　葡萄的果實渾圓飽滿，纍纍成串，自古以來便是五穀豐收的吉祥象徵；而以葡萄藤紋做為題材的藝品始見於唐代，如海獸葡萄紋銅鏡和葡萄藤紋銀器等。鼠在十二生肖中排在首位，為十二地支「子」年的代表動物，明清時期常見的松鼠葡萄紋飾，便是將兩者組合而成的吉祥圖騰，造型討喜可愛，有多子多福、萬年富貴的寓意。

　　此件作品以瓜形為體，松鼠葡萄紋飾為輔，祝賀子孫萬代綿延不斷，雅俗共賞，明心悅性。

正面   反面   側面

民初喜上眉梢煤珀鼻煙壺

長度：66mm，寬度：32mm，厚度：18mm，重量：25g

遼寧省撫順市的西露天礦是中國本地盛產琥珀的主要區塊，撫順一帶也是煤礦的重要產區，此地所開採的琥珀除了金珀、白雲珀、花珀和血珀外，還有一種與煤礦共生的煤珀，或稱煙煤精。這種煤珀，內部包覆著不同形狀、色彩的獨特內含物質，相較於一般通透的琥珀更饒富趣味。

撫順琥珀主要產於新生代早期第三紀（距今6500萬年~180萬年）的煤層中，除了礦物的內含物，當中也有許多包覆著昆蟲的蟲珀，屬於琥珀礦中極為珍貴的品種，而完整的蟲珀相當稀有，可遇不可求，價格甚至比黃金更為高貴。

本件鼻煙壺作品以撫順煤珀為材，正反面各刻有喜鵲及梅枝的圖案，寓意喜上眉梢，其上還有刻壽字圖騰，造型相當特別。

正面

側面

清代琥珀虎紋雙耳鋪首鼻煙壺

長度：46mm，寬度：26mm，厚度：18mm，重量：19g

一般人對「鋪首」這個名詞應該都相當陌生，但對於它的形象卻十分熟悉。所謂的鋪首，就是古代門扉上的獸紋門環，《說文解字》記載：「鋪首，附著門上用以銜環者。」根據目前的考古研究發現，早在青銅器時代，便已出現鋪首銜環的銅器形制。

鋪首的造型精美多變，最為講究的，則以明清時期皇宮大門所飾用者為代表。帝王宮殿大門上的鋪首，一般都為銅製鎏金，形象則以虎、獅、螭龍、龜、蛇為主，也有朱雀、雙鳳、羊首、椒圖等造型，古人相信以這類的神獸星宿守門，能預防災禍臨門，遠離凶險。在朱漆的宮門上，造型精良的鋪首和金色的門釘相互映襯，顯現出皇室建築的帝王氣派。

本件鼻煙壺以虎紋鋪首銜環為耳，瓶身為圓柱狀，透過簡單大方的造型，將琥珀通透金亮的特色表現無遺。

清代福祿雙至琥珀鼻煙壺

長度：52mm，寬度：35mm，厚度：26mm，重量：20g

葫蘆是中國自古以來最受喜愛的吉祥紋飾之一，「葫蘆」二字，與「福祿」二字諧音，常用於祝壽用。在古代，夫妻結婚入洞房時，必須合飲一杯「合巹」酒，也就是現在俗稱的交杯酒，此種習俗始於周代。「巹」即葫蘆，「合巹」是將葫蘆破為兩半，注酒入其中，新娘新郎各飲一巹，其意為夫妻百年後靈魂可合為一體。

葫蘆與福祿音同，又是富貴的象徵，更代表長壽吉祥，因此古人視葫蘆為求吉護身、辟邪祛祟的吉祥物，台灣也有諺語說：「厝內一粒瓠，家風才會富。」在屋梁下懸掛葫蘆保平安，俗稱為「頂梁」。

本件琥珀鼻煙壺以葫蘆層層相疊，寓意福祿雙至，綿綿不絕。

清代貔貅紋琥珀鼻煙壺

長度：64mm，寬度：38mm，高度：24mm，重量：25g

在功利主義高漲的現代社會，據傳能帶財聚寶的貔貅，成了最廣為人知的瑞獸之一。在古代，貔貅的造型有單角或雙角兩種，單角稱為「天祿」，雙角則是「辟邪」。據晚清耆老徐珂編撰的《清稗類鈔》描述：「貔貅，形似虎，或曰似熊，毛色灰白，遼東人謂之白熊。雄者曰貔，雌者曰貅，故古人多連舉之。」

事實上，貔貅是一種相當凶悍的猛獸，《史記·五帝本紀》記載：「軒轅乃修德振兵，治五氣，藝五種，撫萬民，度四方，教熊羆貔貅貙虎，以與炎帝戰於阪泉之野。」將貔貅與熊、羆、貙虎並列，可見戰鬥力相當，都是猛獸級的動物。據傳貔貅以珠寶錢財為食，納四方財氣，而且只進不出，因而在風水上一向被視為能夠聚財的神獸，原本凶猛的習性和造型也隨著時代變遷，被添加了不少詼諧可愛的元素。

此外，還有人認為貔貅天性懶散愛睏，必須隨時把玩，將牠叫醒，財運才會隨之而來。所以此件琥珀鼻煙壺以貔貅為紋，便於隨身攜帶，也有進寶納財的吉瑞用意。

清代龍紋琥珀煙嘴

長度：46mm，寬度：13mm，厚度：9mm，重量：6g

　　煙草源自於美洲大陸的印第安人部落，在哥倫布發現新大陸後傳入歐洲，數十年間便風靡整個歐洲大陸，吸食煙草成了無分貴賤的流行嗜好。

　　隨著西班牙船艦向全世界擴張海權，也將吸食煙草的文化帶進了亞洲地區，最初是傳至菲律賓，再由漳州的生意人帶進福建沿海一帶。當時的人認為，煙草有祛寒醒腦的功效煙草已由沿海一帶迅速傳播至中國北方各地。

　　在煙草盛行之初，吸食煙草只需一根中空的木桿，前面再加個盛放煙草的器具即可。為了講究吸煙的舒適度，才又出現了銅質中空的煙嘴，其後又為了彰顯身分地位的不同，因而製作了牙角、玉石、金銀、琥珀等珍貴豪奢的各式煙嘴。此件龍紋琥珀煙嘴雕工精良，紋飾細緻，為中式煙嘴中罕見的琥珀材質佳作。

清代年年有餘琥珀圓雕掛件
長度：58mm，寬度：36mm，厚度：22mm，重量：18g

在古代，魚和雁是書信的代名詞，古人為傳達私密信息，以絹帛寫信裝在魚腹中，以魚傳信，稱為「魚傳尺素」。東漢蔡邕的〈飲馬長城窟行〉一詩有言：「青青河邊草，綿綿思遠道。遠道不可思，宿昔夢見之。夢見在我旁，忽覺在他鄉。他鄉各異縣，輾轉不相見。枯桑知天風，海水知天寒。入門各自媚，誰肯相為言。客從遠方來，遺我雙鯉魚。呼兒烹鯉魚，中有尺素書。長跪讀素書，書中竟何如？上言加餐飯，下言長相憶。」內容描述離別的親人以魚做為書信往來的工具，表達出滿滿的思念與情感。

到了唐宋兩朝，達官顯貴會佩戴金製的「魚符」，是身分和權力的尊貴象徵。魚象徵富貴，農曆年除夕夜的團圓飯桌上一定會有「魚」這道菜，一般習俗都會將這道魚留到隔天初一後再吃，取魚的諧音，寓意「年年有餘」。此外，成語「如魚得水」，則是用來描述工作和生活和諧美滿幸福。

此件作品以雙魚和蓮葉層層堆疊相連，蓮蓮有魚，表達出對「年年有餘」的深切期盼。

反面

正面

魚形琥珀雙面雕件

長度：42mm，寬度：28mm，厚度：12mm，重量：8g

魚的形象，在七千多年的中國傳統工藝中就有舉足輕重的地位。從遠古時代起，魚就和人類的日常生活息息相關，在農業開始前，魚類更是人們賴以生存的重要食物。

至今，魚仍是我們餐桌上的佳肴美饌，一餐之中只要有魚，便覺富足而豐盛。又因「魚」與「餘」、「裕」諧音，中國人便將魚的形象和圖騰做為主題，融入書畫、瓷器、玉器的創作，創造出各式各樣的魚形藝術品，在討喜的造型中，寓意生活富足有餘。

魚的形制種類繁多，鱖魚、鯉魚、鯰魚都是常見的題材。此件作品線條流暢圓順，做工簡約雅致，深具宋代文物樸質典雅的特質，相當罕見。

摩竭雙魚琥珀掛件

長度：68mm，寬度：39mm，厚度：8mm，重量：20g

　　魚化龍，是中國傳統吉祥圖騰之一，又名「魚龍變化」，常用在各種傳統工藝或文學創作中。所謂的「魚龍互變」（魚可化龍，龍也可化魚），各有其代表含意。漢代劉向所撰的《說苑》中，就有「昔日龍下清冷之淵，化為魚，漁者豫且射中其目」的記載，是成語「白龍魚服」的由來，白龍化成魚游於淵中，比喻帝王或大官微服出巡之意。另一方面，「魚化成龍」也常見於文學作品中，如元代高明《琵琶記》第五齣〈南浦囑別〉就有一段：「孩兒出去在今日中，爹爹媽媽來相送。但願得魚化龍，青雲得路，桂枝高折步蟾宮。」此則為魚化龍的典型用法，常用來比喻加官晉爵、金榜題名、高升昌盛，有魚躍龍門的含意。

　　這種魚龍互變的特殊造型，在考古學的紀錄中，早在商周晚期的玉器上就曾被使用。演變至明清時期，陶藝名家陳仲美也將魚化龍的造型運用在紫砂壺的製作上，被稱為「魚化龍壺」，是許多紫砂收藏家的最愛。

　　本件魚化龍琥珀雕件，造型樸實可愛，樣態生動而流暢，雙鰭擺動自然，有「一躍龍門便化龍」的清晰意象。

摩竭魚蜜蠟圓雕

長度：83mm，寬度：42mm，厚度：30mm，重量：39g

　　在傳統圖騰中，還有一種特殊的「摩竭（羯）魚」，這種魚龍首魚身，是佛教傳說中的一種神魚，地位類似中國的河神。大藏經《一切經音義》卷四十中記載：「摩竭者，梵語也。海中大魚，吞噬一切。」而唐代著名的三藏法師玄奘，在所著的《大唐西域記》第八卷中，亦有記述名為「摩羯」的大魚，書中描述摩羯魚的體型有如山一般大：「崇崖峻嶺，鬐鬣（脊鰭）也；兩日聯暉，眼光也。」隋唐至元，常以摩羯魚做為紋飾，其中又以唐代和遼金的銀器及宋代耀州窯的瓷器最多。在遼代的陳國公主墓中，也發現了許多摩羯魚造型的玉器和雕件。

清代布袋和尚琥珀掛件

長度：52mm，寬度：22mm，
高度：8mm，重量：12g

　　五代後梁開平（西元907～911年）年間，浙江奉化一帶出現了一位行為怪異的和尚，能夠預知吉凶，高興就臥在雪裡，雪也不沾身，天晴時，便穿著木屐跑到橋上豎膝而臥，雨天則穿上濕草鞋，在路上急急行走。他雖然行事怪誕，但為人隨和，乞討時也只要一文錢，個性單純天真，又和小孩子很合得來，身後經常跟著一大群孩子，與他一起嬉鬧玩耍，這就是布袋和尚。

　　布袋和尚俗名張契此，生於後梁亂世，常揹著一只布袋出遊四方。他性格豪爽，喜結善緣，肚皮圓滾滾，臉上笑咪咪，「大肚包容，忍世間難忍之事；笑口常開，笑天下可笑之人」。布袋和尚不拘小節，留有許多與生活相關的偈語，例如：「手把青秧插滿田，低頭便見水中天；身心清淨方為道，退步原來是向前。」在佛法體悟上，與禪宗的理念較為相近。圓寂前，布袋和尚曾留有一偈：「彌勒真彌勒，化身千百億，時時示時人，時人自不識。」本件作品人物表情生動自然，布袋和尚笑容可掬，望之令人心神愉悅。

遼金神人乘龍琥珀掛件

長度：56mm，高度：21mm，厚度：8mm，重量：5g

在古代神話中，龍是神仙、帝王的坐騎神獸。神人乘龍的意象，最早可見於《山海經》：「夏后乘兩龍，雲蓋三層，左手操翳，右手操環，佩玉璜。」《說文解字》記載：「龍，鱗蟲之長。能幽能明，能細能巨，能短能長。春分而登天，秋分而潛淵。」《史記‧封禪書》也寫道：「黃帝採首山銅，鑄鼎於荊山下。鼎既成，有龍垂鬍髥下迎黃帝。」

目前發現最早的神人乘龍圖騰是在西周時期的玉雕上，神人是周人崇拜的神祇，能藉神龍之助飛升天際。本件神人乘龍琥珀掛件造型樸實，頗有古味，中有穿孔，應是做為耳環之用。

清代蜜蠟龍紋簪頭

長度：66mm，寬度：14mm，高度：20mm，重量：19g

髮簪在中國的歷史相當悠久，是由「笄」這種形制發展而來，這種長針狀飾件用於綰定髮髻或冠帽，材質多樣，主要有竹、木、牙、角、玳瑁、玉、琥珀、陶瓷、骨、金、銀、銅、鐵等，並以各式珠寶為點綴。

古代女子十五歲行加笄之禮，以簪束髮表示成年。春秋戰國時期的禮儀制度嚴謹，見服飾便能知貴賤，材質不同的各色髮簪也可用來區分地位尊卑，王后、侯妃、夫人使用玉簪，士大夫與其妻則用象牙簪，而一般平民百姓只能佩戴骨簪。漢代以降，佩戴簪子不再被嚴屬的禮儀制度所約束，發展出的形式種類日趨繁多。《史記·滑稽列傳》言：「前有墮珥，後有遺簪，髡竊樂此，飲可八斗而醉二參。」《後漢書·輿服志》也有「黃金龍首銜白珠，魚鬚擿（簪股），長一尺，為簪珥」的記載。

此件作品的簪尾已遺缺，龍型飽滿威武，姿態炯炯有神，咬口部分的金屬為民初時期後加，以龍為主題的簪子原本就十分稀少，而以琥珀為材料的更是罕見。

明代琥珀佛手簪頭

長度：46mm，寬度：20mm，高度：11mm，重量：12g

唐宋兩代髮簪十分盛行，在許多繪畫中常見滿頭插簪的婦女形象，杜甫〈春望〉詩中曾述：「峰火連三月，家書抵萬金。白頭搔更短，渾欲不勝簪。」宋代文豪陸游的〈入蜀記〉也曾記載：「未嫁者率為同心髻，高二尺，插銀釵至六支，後插大象牙梳，如手大。」描述當時川蜀一帶女子的流行裝束。

明清時期的髮簪特色在簪首，以花鳥魚蟲、飛禽走獸等自然元素做為簪首的形狀，明代權臣嚴嵩遭抄家時，家產被集為《天水冰山錄》一書，其中關於髮簪名稱的紀錄就有「金梅花寶頂簪」、「金菊花寶頂簪」、「金寶石頂簪」、「金廂倒垂蓮簪」、「金廂貓睛頂簪」、「金崐點翠梅花簪」等，極盡奢華。

此件琥珀簪頭以佛手瓜形為題，經時間的洗禮而產生了風化作用，雖然埋蓋了部分原有的雕工，但自然冰裂的歲月痕跡，如同人類的皮膚一般紋路清晰，略微剝落的皮殼，就像新陳代謝褪落的皮膚角質，盡顯老琥珀迷人的質樸韻味。

清代彌勒菩薩蜜蠟牌片

長度：45mm，寬度：38mm，高度：10mm，重量：12g

彌勒為大乘佛教的八大菩薩之一，在佛教經典中被稱作阿逸多菩薩。「彌勒」為其姓，梵文為Maitreya，是常見婆羅門姓氏，阿逸多是其名，彌勒阿逸多的意思便是「慈無能勝」，意思是「慈悲之心無有能勝其者」。

佛教信仰中，彌勒菩薩被視為釋迦牟尼佛的繼任者，也就是未來佛，佛經中最早的記載見於《中阿含經》卷十三的《說本經》：「佛告諸比丘，未來久遠人壽八萬歲時，當有佛，名彌勒如來。於是尊者彌勒，即從座起，偏袒著衣，叉手向佛白曰：世尊，我於未來久遠人壽八萬歲，可得成佛，名彌勒如來。世尊歎彌勒曰：善哉！善哉！彌勒！汝發心極妙，謂領大眾，所以者何，如汝作是念，世尊！我於未來久遠人壽八萬歲時，可得成佛，名彌勒如來。」

彌勒菩薩外型圓滿，大度有容，終年笑口常開，讓人望之心生歡喜，忘卻煩惱。本件作品以蜜蠟為材，凝脂生香，法相端正，將彌勒菩薩的形態刻畫得淋漓盡致。

正面

側面

民初人物蜜蠟小山子

長度：78mm，寬度：40mm，厚度：32mm，重量：72g

　　「山子」是中國雕刻藝術中相當獨特的一種形制，由於所選的料件較大，一般都是因材施工，隨著材料本身的形狀來雕琢出山水、人物等立體景觀。山子之上的圓雕山林景觀，在製作前必須先繪製平面圖，再行雕琢，因而又常以圖命名，一般以山林、人物、動物、飛鳥、流水等主題為多，層次分明，形態各異。這種山林景觀的雕刻，從取景、布局到層次排列，都和中國傳統山水畫的原理一致。

正面

反面

民初春水秋山蜜蠟小山子

長度：60mm，寬度：30mm，厚度：16mm，重量：68g

清代的山子雕琢，深受清初「四王」（王時敏、王鑑、王翬、王原祁四位畫家）畫風影響，山石布局講究均衡、穩重，層林疊起，意境清淡，因而在雕造時力求古樸莊重，用刀平穩，轉折圓潤，不同於民間裁花鏤葉的裝飾作風。

此件作品為罕見的琥珀山子雕件，以春水秋山為題，集合了浮雕、圓雕、透雕、線刻、拋光等諸多技法融於一器。從一顆小小山子中，可窺見中國傳統的雕刻技法已達到了無巧不施、無工不精的登峰造極境界。

清代琥珀羅漢圓雕

長度：73mm，寬度：24mm，厚度：18mm，重量：28g

羅漢一詞源自於梵語Arhat（阿羅漢）的音譯，意謂應供、殺賊、無生，用來稱呼達到修福慧、斷煩惱、出輪迴等三種修行境界的聖者。據唐代慶友尊者所著的《法住記》記載，羅漢原有十六位尊者，是釋迦牟尼身邊的得道弟子，佛陀涅槃前，曾敕令十六羅漢常住世間，守護正法，隨緣教化渡眾。

隨著佛教傳入中國的時間日久，原有的十六羅漢逐漸演變為具有中國傳統特色的「十八羅漢」，分別為降龍羅漢（濟公）、坐鹿羅漢、舉缽羅漢、過江羅漢、伏虎羅漢、靜坐羅漢、長眉羅漢（梁武帝）、布袋羅漢（布袋和尚）、看門羅漢、探手羅漢、沉思羅漢、騎象羅漢、歡喜羅漢、笑獅羅漢、開心羅漢、托塔羅漢、芭蕉羅漢及挖耳羅漢。十八位羅漢個個特色鮮明、形態各異，常出現於各種繪畫或雕刻作品中。此件羅漢作品為少見的人物琥珀圓雕，工藝樸拙，表情生動，色澤溫潤自然。

鴛鴦貴子琥珀圓雕

長度：52mm，寬度：28mm，高度：18mm，重量：22g

晉代崔豹的《古今注・鳥獸》中曰：「鴛鴦，水鳥，鳧類也。雌雄未嘗相離，人得其一，則一思而至死。故曰疋鳥（匹鳥，成對生活的鳥）。」在中國，鴛鴦一向是愛情的代表，用來表達愛侶間忠貞不移的情感，許多經典的文學作品中，都以鴛鴦為主題，如唐初詩人盧照鄰〈長安古意〉的描述：「得成比目何辭死，願作鴛鴦不羨仙。比目鴛鴦真可羨，雙去雙來君不見？」杜甫〈佳人〉一詩中也有言：「夫婿輕薄兒，新人美如玉。合昏尚知時，鴛鴦不獨宿。」都是在讚詠鴛鴦的堅貞習性。

此件琥珀圓雕作品以鴛鳥為題，口啣花卉，有「鴛鴦貴子」的寓意。

上蓋

鴛鴦紋琥珀寶盒

長度：39mm，寬度：24mm，厚度：8mm，重量：10g

以鴛鴦象徵堅貞愛侶的典故，最早出自於晉代干寶所撰的《搜神記》，在卷十一的〈韓憑夫婦〉一文中記載了一段淒美動人、堅貞不渝的愛情故事。

戰國時代，宋康王凶殘蠻橫，覬覦士大夫韓憑妻子何氏的美色，強而奪之。韓憑心懷怨恨，康王便將他囚禁起來，韓憑不堪其辱，自殺而死。何氏得知丈夫已亡，暗地裡先腐蝕自己的衣服，趁著與康王同登高臺賞景時，從臺上跳下自殺，康王隨從想拉住她，但由於衣服已朽壞，只拉住她的衣帶，帶上留有遺書：「王利其生，妾利其死，願以屍骨，賜憑合葬！」康王暴怒，無視何氏遺願，將她的墳塋立於韓憑墓的對面遙遙相望，王曰：「爾夫婦相愛不已，若能使塚合，則吾弗阻也。」數日後，兩人的墳墓竟各自長出一棵大梓樹，樹幹交錯彎曲合抱，樹根於地底交結不分，有如一對愛侶。宋國人稱此木為相思樹，樹上常有一對鴛鴦棲息，早晚相隨，交頸悲鳴，時人皆謂此禽即韓憑夫婦的精魂所化，不論生死都相親相愛，永不分離。

清代琥珀獸印鈕一對

長度：26mm，寬度：10mm，厚度：8mm，重量：6g

　　對中國人而言，印章不僅是用來鑑別身分，更是彰顯個人特質的獨特象徵。古人用印十分講究，材質不勝枚舉，金銀銅鐵、竹木牙角、玉石琥珀等都是常見的材料。印章的名稱，隨著朝代不同而演變，在秦以前通稱為璽，至漢代開始轉為印、章；唐代以後，隨著用途不同，又有寶、記、朱記、關防、圖書、花押等名稱。

　　沿用至今，印章的用途約略可分為官印、姓名印、字號印、齋館印、鑑藏印、閒章、肖形印等等。由於硬度較低，琥珀較少用來做為印材，琥珀印章最早的出土紀錄是在漢代。這對獸印鈕玲瓏可愛，應為文人雅士隨身攜帶的小巧玩物。

正面

反面

清代三足金蟾琥珀印鈕

長度：25mm，寬度：12mm，厚度：12mm，重量：8g

　　說到三足金蟾，與「劉海戲金蟾，步步釣金錢」的傳說有關。劉海是中國民間傳說中的神仙，是道教的吉祥財神，被尊稱為「海蟾仙師」。根據記載，劉海本名劉操，生於五代十國時期，原籍燕山（北京），曾為遼朝進士，輔佐燕國國君劉守光，官拜丞相。

　　根據《歷代神仙通鑑》記載：「一日，有自稱正陽子的道士來見，劉海以禮相待，道士為其演習『清淨無為之示，金液還丹之要』，並向劉海索討雞蛋十顆、金錢十枚，以一錢間隔一蛋，高高疊起成塔狀。劉海驚道：『太險！』道士答道：『居榮祿，履憂患，丞相之危更甚於此！』劉海頓悟。」原來，自稱正陽子的道士乃是八仙之首的鍾離權，見劉海頗有仙緣慧根，所以特地前來渡化。

　　劉海悟道後，改名劉玄英，並拜呂洞賓為師，與「睡仙」陳摶一起得道成仙，並列為下洞八仙之一，雲遊於終南山、太華山之間。

清代劉海蜜蠟人物小嵌件

長度：38mm，寬度：22m，厚度：6mm，重量：8g

劉海得道後，世間出現了一隻金蟾妖怪，專吞百姓的金銀財寶。劉海為了救黎民於水火，撒銅錢為餌，將金蟾誘入法陣內予以收伏。後來才知，這隻三腳蟾蜍原是自己父親所化，因為他生前為官太貪，死後才化為金蟾妖怪禍亂人間。此後，劉海便以「海蟾子」為道號，為全真道北五祖之一。

由於劉海是在富貴至極時受到鍾離權點化成仙，而且又以銅錢當作法器，樂於賜人富貴財運，並在世人富貴之際予以傳善教化，所謂「衣食足，禮義興」，因此劉海便成為中國道教的財神代表神祇。元世祖忽必烈曾封其為「海蟾明悟弘道真君」，元武宗更加封他為「海蟾明悟弘道純佑帝君」。

清代琥珀蟬形圓雕

長度：48mm，寬度：28mm，厚度：26mm，重量：18g

《史記・屈原賈生列傳》：「蟬蛻於濁穢，以浮游塵埃之外。」古人認為，蟬在脫殼為成蟲之前，都是生活在污濁的泥水中，羽化成蟬後，再飛到高高的樹上，只飲露水而生，代表出污泥而不染、品節高尚。

古人觀察蟬的生活周期，發現牠們是在秋涼時從樹上鑽入土中，等來年春暖再從土中鑽出爬上樹，如此周而復始，生生不息。

傳統用玉蟬做墓葬的口琀，便是受到這種生命循環不止的啟發，寓意死者也能如同蟬一般從蟬蛻化轉生。除了含玉蟬之外，玉器中還有珮蟬和冠蟬兩種形制。珮蟬在頭部有對穿成V字形的象鼻穿，是用來繫於腰帶上的佩件；而冠蟬則是在腹部對穿，可固定於帽子上當作裝飾。

本件蟬形圓雕造型渾圓飽滿，雕工古樸，令人愛不釋手。

上蓋

下蓋

明代和合蜜蠟寶盒

長度：39mm，寬度：24mm，厚度：8mm，重量：10g

　　和合二仙是掌管和平與喜樂的神仙，一位叫寒山，一位叫拾得。和合二仙的傳說源自於唐代，兩人都是當時著名的隱士，交情甚篤，感情融洽。據傳只要對和合二仙誠心祈求，便能保佑夫妻之間婚姻美滿，情侶之間情意綿綿，朋友之間友誼長存。

　　唐太宗貞觀年間，天台山國清寺的住持豐干禪師，是一位名滿天下的得道高僧。他一次雲遊時，在赤城山下發現一個十歲的小男孩，禪師見他面貌不凡，頗有佛緣，便將他領回國清寺撫養。由於小男孩無名無姓，寺內僧人便稱他為「拾得」，自此他就跟著僧眾一起學習和生活。

　　寒山則隱居在國清寺山頂之西的寒巖上，穿著奇特，僧不像僧，道不像道，喜歡詩文詞藻，經常順手隨處寫上幾句詩詞，或隨口吟誦幾聲詩句。但他不像普通詩人那樣預備文房四寶，也從不積累文稿，只要興致來了，便在屋壁竹石之上隨手刻下。

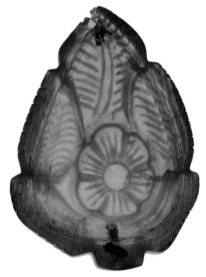

上蓋

明代琥珀花葉寶盒

長度：52mm，寬度：42mm，厚度：32mm，重量：26g

日復一日，寒巖附近的山石樹木、洞穴牆壁都寫滿了寒山的詩文。拾得對寒山非常敬佩，很想學得寒山的風範文采，於是每日收積國清寺僧人用剩的飯菜，供養寒山。寺裡僧人雖然對拾得和寒山的交情頗有微詞，但豐干禪師卻對拾得的做法欣然接受，從不加勸阻。他知道拾得和寒山都不是平常人，豐干禪師自己也是，那麼他們到底是誰呢？

原來，豐干禪師是阿彌陀佛的化身，而拾得與寒山則分別是普賢菩薩和文殊菩薩的化身，這也就是佛教故事中「三聖同山」的典故由來。和合二仙的圖騰有數種不同的表現形態，有的以雙童子圖來描繪寒山和拾得，有的以開合的盒子圖案做為代表，也有直接以上下雙蓋的寶盒形制來表現。

正面

反面

飛天琥珀圓雕

長度：58mm，寬度：38mm，高度：18mm，重量：14g

　　飛天，是佛教「乾闥婆」和「緊那羅」二神的化身。乾闥婆為天歌神，緊那羅是天樂神，兩人原為一對夫妻，是印度神話中主管歌舞娛樂的神祇。在佛教經典記載中，乾闥婆和緊那羅為天龍八部眾神之二，乾闥婆又被稱為「香音神」，她在佛土的主要職責，便是在佛陀講經說法時，為眾神獻花供寶，並翱翔於雲霄之間，散播出各種香氣禮佛；而緊那羅的任務，則是在佛土中奏樂、歌舞，後世將兩者的形象合而為一，演變為最早的飛天形態。

反面

正面

飛天琥珀圓雕

長度：66mm，寬度：42mm，厚度：10mm，重量：16g

在佛教傳入中土前，歷史上便有關於「飛仙」的典籍記載，最早可見於《山海經》：「羽民國在其東南，為人長頭，身生羽」、「有羽人之國，不死之民。或曰『人得道，身生毛羽也』」。宋代《太平御覽》也曾記載：「飛行雲中，神化輕舉，以為天仙，亦云飛仙。」道家的信仰中，得道者會羽化飛仙，在魏晉南北朝初期的壁畫中，經常可見到飛仙形態。

隨著佛教傳入，外來的「飛天」和中國本土的「飛仙」形象逐漸融合為一，並在佛教藝術上發揚光大。甘肅敦煌石窟便完整保存了近六千件飛天的壁畫像，涵蓋魏晉到元代的各種不同藝術風格，是中國藝術史上的無價瑰寶。

正面　　　　　　　　　　　　　　　　　　　　　反面

清代子岡款琥珀牌片

長度：89mm，寬度：62mm，厚度：8mm，重量：20g

　　工匠在中國古代的社會地位十分卑微，無論技藝如何精良，作品多麼令人嘆為觀止，仍普遍不受社會尊重。很多工匠往往窮極一生做出許多精彩的作品，但死後仍然沒沒無聞。

　　凡事總有例外，明代陸子岡可說是千年歷史中一個令人驚嘆的異數。陸子岡，江南吳門人士，是中國歷史上少數留名後世的玉雕大師。他生於明朝嘉靖、萬曆年間，活躍於蘇州一帶。由於明朝時期對工匠的管理十分嚴格，保留了元朝以來相當嚴謹的匠戶制度，在地位卑微的玉雕工匠中，陸子岡能讓文人雅士們視為上賓且極為推崇，可謂前所未聞。

　　陸子岡的作品中最著名的就是「子岡牌」。「子岡牌」多為長形，寬度的比例相當講究，大小適中且方圓得度，雕工精巧細緻，字體俊秀有力，在方寸之間盡顯玉質之美和工藝之精。「子岡牌」一改明代玉器的陳腐俗氣，以完美的玉料搭配高超的技法，將治印、書法、繪畫等精髓融入玉雕藝術中，將中國玉雕工藝提高到一個新的藝術境界。為了紀念陸子岡的藝術成就，後世便將此種形制的玉牌命名為「子岡款」玉牌。

　　此件作品為清代匠師模仿子岡牌所雕製而成的琥珀牌，正面刻有騎牛牧童的「牧歸圖」，背面則刻有「吉祥如意」四字，相當罕見。

瓜瓞綿綿琥珀鼻煙壺

長度：52mm，寬度：32mm，厚度：20mm，重量：50g

　　瓜瓞綿綿為中國傳統吉祥圖案之一，出自於《詩經·大雅》：「綿綿瓜瓞，民之初生，自土沮漆。」此處描寫的是周朝歷代先祖的發展史，瓞是指小瓜，沮和漆都是水名，意思是說周朝的祖先像瓜瓞一樣歲歲相繼，歷傳到太王才奠定了王業的基礎，就如同一條瓜藤上的瓜，從結出小果開始，隨著瓜藤蔓的延伸，又結出了許多瓜，並慢慢成長茁壯，終至結實纍纍。

清代瓜瓞綿綿琥珀掛件

長度：31mm，寬度：22mm，厚度：8mm，重量：6g

出自詩經的「瓜瓞綿綿」一詞，常用來祝頌子孫昌盛，繁盛不絕。例如，西晉文學家潘岳（潘安）的〈為賈謐作贈陸機〉一詩云：「畫野離疆，爰封眾子。夏殷即襲，宗周祭祀，綿綿瓜瓞，六國互峙。」由於「瓞」與「蝶」同音，瓜的果實內多籽，民間便常以蝴蝶和瓜的圖像搭配藤蔓或花卉，組成「瓜瓞綿綿」的圖騰紋樣，寓意子孫昌盛、事業興旺。

明代祥獅獻瑞琥珀圓雕

長度：72mm，寬度：38mm，高度：40mm，重量：76g

中國雖然地大物博，卻沒有原生的獅子品種，直至西漢張騫奉漢武帝之命出使西域後，獅子才經由絲綢之路從西亞一帶運回中國，進獻給武帝。

初期，獅子在中國被稱為「狻麑」，如《爾雅‧釋獸》的記載：「狻麑如虦貓，食虎豹。」在中國文化傳承中，雕成獅子的石像常用於護院和鎮村，由於獅子威嚴的外貌，在古代更被視為法律的守護者。在佛教中，獅子是文殊菩薩乘坐的神獸，也常鎮坐於寺廟門口護持神祇。

反面

側面

正面

明代祥獅琥珀圓雕

長度：58mm，高度：60mm，寬度：22mm，重量：16g

獅子的形象在民間應用也很廣，有右前足踏鞠（俗稱繡球）的雄獅子、左前足踏小獅子的母獅，還有雌雄獅子相戲繡球的「雙獅戲鞠」。據《漢書・禮樂志》記載，從漢代開始民間便流行所謂的「獅舞」，兩人合扮一獅，另有一人持繡球逗之，上下翻騰跳躍，活潑有趣。「雙獅戲鞠」圖案，就是源自於此。此件琥珀圓雕祥獅線條力道十足，刻工一氣呵成，以簡單俐落的造型塑造出完整的獅子意象，手感溫潤圓融，為琥珀圓雕中的佼佼之作。

明代太師少師蜜蠟圓雕

長度：32mm，寬度：22mm，高度：26mm，重量：10g

　　舞獅為民俗喜慶活動，寓意祛災祈福，因此獅子也被視為喜慶的象徵。《宋書·宗愨傳》記載，元嘉二十二年（西元445年），南宋與南方臨邑國之間爆發戰爭。宋軍統帥劉義恭以部將宗愨有勇有謀，派為先鋒。但臨邑國派出以大象為坐騎的軍隊，馳騁沙場，來往無礙，宋軍無法抵擋。宗愨接連受挫後，想出了一條妙計，命下屬雕刻木塊，製成獅子頭套和面具讓軍士們戴上，再身披黃衣，與象軍對陣。象群眼看眾多獅子奔來，心生畏懼而自亂陣腳，宗愨便趁機指揮大軍撲殺，大獲全勝。

　　此後，獅子在人們心目中，便成了壓邪鎮凶的最佳象徵。又因獅與「事」、「嗣」諧音，所以常見的祥獅圖騰，有象徵事事如意的雙獅並行，以及祝願子嗣昌盛的太獅少獅等。

反面

正面

明代太師少師蜜蠟圓雕

長度：29mm，寬度：15mm，高度：26mm，重量：7g

太師是從西周開始就有的官職，與太傅、太保並稱為三公，而太師是三公之首，乃正一品官，位高權重。少師一職則是由春秋時代的楚國開始設立，與少傅和少保合稱為三孤，屬從一品官。

獅子一向是尊貴和威嚴的象徵，又因「獅」與「師」同音，工匠發揮巧思，取諧音太師少師，象徵官祿代代相傳。本件蜜蠟圓雕雙獅的形態相當生動活潑，雕工細緻精巧，皮殼完整自然，玲瓏可愛。

明代啣芝寶鵝蜜蠟圓雕

長度：29mm，高度：32mm，厚度：12mm，重量：9g

鵝的脖子細長，擺動時姿態曼妙，游水時，鵝掌拍擊水面的變化更是婀娜多姿。東晉時代的書聖王羲之就是愛鵝成癡的名人，他模仿鵝的形態揮毫轉腕，所寫的字剛中帶柔，雄厚飄逸。

山陰有一道士，希望王羲之能為他抄寫一部道教經典《黃庭經》，但又與他素不相識，不敢貿然提出要求。道士聽聞王羲之愛鵝，便費盡心思養了一群氣宇軒昂的白鵝相贈，並提出寫經請求。王羲之見到這群雄糾糾氣昂昂的白鵝十分高興，立刻提筆疾書，花了大半天時間，才抄寫完《黃庭經》贈予道士。這部《黃庭經》被後世稱為右軍正書第二（王羲之官拜右軍將軍），因道士以鵝相換，又被稱為《換鵝帖》。

此件鵝形圓雕小巧玲瓏，工藝精細，形態相當可愛，為罕見的琥珀圓雕作品。

漢文　　　　　　　　　　　　　　滿文

清代璧珀齋戒牌

長度：71mm，寬度：40mm，厚度：8mm，重量：40g

　　齋戒牌的形制始於明代，是皇帝及文武官員於祭祀期間，隨時掛在身上告誡自己行為的警示牌。明成祖建立的北京天壇，是明清兩朝皇帝祭祀天神之處，其中的齋宮內，便有一座依照唐代名相魏徵形像鑄造成的銅像，銅像手中便捧有一塊齋戒牌。

　　早期的齋戒牌尺寸很大，直到雍正時期才重新制定齋戒牌的樣式，縮小尺寸，諭令各官員將齋戒牌佩戴於心胸之間，並得彼此觀瞻，以期簡束身心，不得放逸。皇室成員所佩戴的齋戒牌，均出於清宮造辦處，質地有玉、象牙、翡翠、琥珀、金、織物、金屬胎畫琺瑯、瓷胎畫琺瑯、木料等等；形式多樣，有蝠桃式、葫蘆式、橢圓形、長方形、香袋形等，大小約在4公分至9公分之間。

　　此件齋戒牌使用珍稀的璧珀為材，正反兩面各刻有漢字和滿文的齋戒二字，並以雙龍紋為飾，應屬皇室內廷用品。

熊形琥珀圓雕

長度：73mm，寬度：22mm，高度：32mm，重量：42g

說到「春水秋山」這種獨特的工藝形制，就必須先提到「四時捺鉢」。四時捺鉢是契丹、女真特有的狩獵文化，在契丹、女真統治的遼金時期，遊牧出身的皇室就有春獵冬狩的習俗。契丹語和其後的滿語都稱狩獵為「捺鉢」，「春水」就是春季在水邊河畔漁獵的場景，往往在剛解凍的河畔進行，目的是用馴養的海東青捕獲從南方返回的天鵝；「秋山」則指深秋時節在山裡捕獵的場景，由侍衛把林中野獸驚起，趕向已架設好的獵場範圍內，在獵犬和侍衛的協助下，讓皇帝射殺並捕獲獵物。

本件圓雕琥珀熊的外型樸拙可愛，有一中穿孔，應為隨身的佩掛件。唯因年代久遠，已經有明顯的風化龜裂，但仍保有濃厚的時代風格之美。

春水　　　　　　　　　　　　　　　　　秋山

遼金春水秋山蜜蠟牌片

長度：72mm，寬度：41mm，厚度：12mm，重量：31g

　　《金史・輿服志》記載，女真族服飾「其胸臆肩袖，或飾以金繡，其從春水之服則多鶻捕鵝，雜花卉之飾，其從秋山之服則以熊鹿山林為紋，其長中骭，取便於騎也」。此種紋飾特色，與女真族自古以來的遊牧生活形態息息相關，女真族以狩獵維生，服飾講究與自然環境融合，春夏之際，衣服上繡有鷹鶻捕鵝雁與花卉叢生的紋飾，是為「春水之服」；而秋冬時期，則以獵捕熊鹿、山林野趣為題，稱為「秋山之服」。

　　此種形制的作品，內容雖然大同小異，但每件的具體形式卻絕無重複，達到了形散而神不散的藝術境界，充滿了淳樸的山林野趣和濃厚的北國情懷，極具草原遊牧民族的特色，是遼金元時期相當重要的工藝成就。

　　本件作品其中一面描寫了射虎獵鹿的秋天狩獵景象，另一面則描繪出海東青捕獲天鵝的神態，造型簡約，意蘊深刻；而相同圖案的玉器牌片亦出現在北京故宮的館藏內。蜜蠟的保存相較於玉件更為不易，本作品的藝術價值和歷史意涵不言而喻。

明代黃財神琥珀圓雕

高度：63mm，寬度：60mm，厚度：29mm，重量：50g

黃財神又名多聞天王，藏文譯音為「藏巴拉·些玻」（Rnam-thos-kyi-bu / Jambhala），是藏傳佛教中「五姓財神」之一。「五姓財神」是由五位佛祖所化，分別為觀世音菩薩化現的白財神、阿閦如來化現的黑財神、寶生如來化現的黃財神、阿彌陀佛化現的紅財神，以及不空成就如來化現的綠財神。

除了掌管財富外，五位財神更分別掌管了眾生所有的功利事業，黃財神主掌的是福德，助人克服我慢心；手中所持的法寶為吐寶鼠。

相傳多聞天王黃財神因見娑婆世間的眾生貧苦，便立下宏願要救渡眾生一切窮困，便從天上降下如雨般的各種金銀財寶想造福眾生，但因一位龍女所變成的吐寶鼠，將所有寶物吞入肚中，導致世間大眾無法獲得寶物。多聞天王見此，便掐住吐寶鼠的脖子，讓所有寶物盡數吐出。爾後，吐寶鼠更成為黃財神手中的財富守護神，口中的摩尼寶珠象徵消除眾生貧苦。

本件黃財神法相莊嚴，雕工精緻細膩，而琥珀本身的材質相當脆弱，整體造型仍能保持如此完整，十分難能可貴。

清代文財神琥珀掛件

長度：55mm，寬度：23mm，厚度：13mm，重量：11g

　　在中國人的信仰中，財神可分為文財神和武財神兩類。文財神的造型是白面長鬚、頭戴宰相帽、手捧玉如意、身著紅袍玉帶、足踏金元寶；而關於其來歷則有以下兩種說法。

　　一是商代末年紂王的叔父比干，比干為人耿直，對紂王的荒淫暴虐常不假辭色地直言進諫，如此忠厚的臣子，卻遭受剖膛挖心的酷刑而死，百姓感念其恩德，將其奉為財神來祭祀。另一種說法，文財神是春秋時期越國大夫范蠡，范蠡經商有道，在越王勾踐最落魄時，散盡家財，出錢出力，讓勾踐一雪會稽之恥，成為一方霸主。他看出越王是「可與共患難而不可共處樂」的人，於是在事成之後便離開越國到了齊國，靠著自己的經商長才累積了許多財富，自號為陶朱公，後世便將富可敵國的范蠡奉為文財神。

　　本件文財神掛件體材不大，但雕工十分精緻，財神的面貌和藹，笑容可掬。

明代芍藥琥珀帽花

長度：50mm，寬度：37mm，厚度：16mm，重量：13g

　　早在夏商周時期，芍藥已被當作觀賞植物培育，花影遍布中國北方各地。自古以來，芍藥便與牡丹並稱為「花中之王」與「花中宰相」，歷史上又有「揚州芍藥，洛陽牡丹」之說，堪稱花中雙絕。

　　日本人也常用芍藥來形容美女：「立如芍藥，坐若牡丹，行走之時，猶如百合。」唐代詩人王貞白曾做〈芍藥〉一詩：「芍藥承春寵，何曾羨牡丹。麥秋能幾日，穀雨只微寒。妒態風頻起，嬌妝露欲殘。芙蓉浣紗伴，長恨隔波瀾。」

　　本件琥珀帽花應為明代早期作品，風化紋路已滲入材質內部，表層稍有些許剝落，匠師以流暢的線條刻劃出芍藥婀娜多姿的形態，為兼具美感及歷史性的難得收藏。

清代牡丹蜜蠟嵌件一對

長度：42mm，寬度：29mm，厚度：4mm，重量：7g

牡丹在分類學上為毛茛科芍藥屬的多年生落葉小灌木，與芍藥的外型十分相似。中國人自漢代起就開始培育牡丹，到了唐代，由於牡丹落落大方的形態和繽紛亮麗的花色，被譽為花中之王、國色天香，廣受世人喜愛。

清代李汝珍所著的神怪小說《鏡花緣》中曾記載一段關於牡丹的傳說：唐朝武則天於宮中設宴賞花，酒醉之餘，下了一道詔書，要掌管百花的仙子們在寒冷的冬天讓所有的花同時綻放，仙子們畏懼其威，遂令百花盛開，唯有牡丹仙子不服其命。武后一怒之下，將牡丹仙子貶至洛陽。自此之後，洛陽牡丹甲天下，洛陽便成了「花中之王」牡丹的故鄉。

明代花開富貴蜜蠟嵌件

長度：42mm，寬度：33mm，厚度：6mm，重量：12g

宋・歐陽修的《洛陽牡丹記》記載：「洛陽地脈花最宜，牡丹尤為天下奇。我昔所記數十種，於今十年半忘之。」便是在描述洛陽牡丹的多采風姿。此件蜜蠟嵌件造型富麗典雅，牡丹花體飽滿圓融，沈穩中貴氣盡顯，難能可貴。

牡丹原產於中國西部秦嶺和大巴山一帶的山區，屬木本植物，品種繁多，顏色鮮豔且豐富，花香濃烈而馥郁，常給人雍容華貴、富麗端莊的印象。正因為形象鮮明，文人墨客常以牡丹為題，寫下許多膾炙人口的佳作。

透光

清代功成業就血珀帽花

長度：58mm，寬度：32mm，厚度：6mm，重量：9g

中唐大詩人白居易有兩首〈惜牡丹花〉詩，其一：「惆悵階前紅牡丹，晚來唯有兩枝殘；明朝風起應吹盡，夜惜衰紅把火看。」盡顯詩人愛花惜花的心情。北宋周敦頤的〈愛蓮說〉一文提到牡丹，則說：「花之富貴者也。」元代詞人李孝光也曾讚美牡丹：「天上有香能蓋世，國中無色可為鄰。名花也自難培植，合費天工萬斛春。」

此件作品為深色血珀，透光處鮮紅奪目，雕功大器且線條流暢；芭蕉葉寓意為「大業」，與牡丹的組合為「功成業就」的吉祥圖騰。

清代鳳紋琥珀嵌件一對

長度：31mm，寬度：22mm，厚度：8mm，重量：6g

　　鳳凰亦作鳳皇，又可稱為丹鳥、火鳥、鶤雞、不死鳥等，被譽為百鳥之王，是中國傳說中鳥類最尊貴的物種，雄鳥稱為「鳳」，雌鳥稱為「凰」，通稱為鳳或鳳凰，是吉祥和諧的象徵。東漢許慎《說文解字》記載：「鳳，神鳥也。」又《爾雅·釋鳥》：「鶠鳳，其雌皇。」郭璞注解：「鳳，瑞應鳥。雞頭，蛇頸，燕頷，龜背，魚尾，五彩色，高六尺許。」所以，鶠也是鳳凰的別稱。

　　統整古代典籍上的記載，鳳凰這種神話瑞鳥的外型，應是雞頭、蛇頸、燕頷、龜背、魚尾，身上的羽毛有五彩顏色，高約六尺。除了羽毛鮮豔亮麗外，鳳凰的鳴聲清亮，且雌雄有別。

　　本件作品雕法工整，形態自然，成雙成對，鸞鳳和鳴。

反面

正面

遼金鳳鳥琥珀圓雕

長度：44mm，寬度：14mm，厚度：6mm，重量：7g

漢代王充的《論衡‧講瑞》記載：「雄曰鳳，雌曰凰。雄鳴曰即即，雌鳴曰足足。」又《左傳‧莊公二十二年》記載：「鳳凰于飛，和鳴鏘鏘。」這裡說明鳳凰雄鳥的鳴聲是即即，雌鳥的鳴聲為足足，雌雄和鳴則為鏘鏘。

鳳凰是古人心目中的瑞鳥，視之為天下太平的象徵，古人深信若逢太平盛世，君王深富仁德，鳳凰便會現世，稱為「瑞應」。據傳黃帝之子少昊及周成王即位時，都曾有鳳凰飛來慶賀。鳳凰身具仁義禮智信五德，象徵維繫古代社會和諧安定的力量，因此被視為是聖賢者受天命致太平的瑞應鳥。在《詩經‧大雅》也提到：「鳳凰于飛，劌劌其羽。」描寫雌雄雙鳥一起飛翔的美妙姿態，用以比喻夫妻恩愛。

此件鳳鳥作品造型特殊，風化紋路清晰可見。

明代鳳毛濟美蜜蠟嵌件

長度：51mm，寬度：31mm，厚度：4mm，重量：6g

　　王劭（字敬倫，小字大奴）是東晉丞相王導的第五個兒子，外貌俊美，為東晉時期的書法大家。楚宣武帝桓溫對王劭十分賞識，據《世說新語·容止篇》記載，有次桓溫見王邵遠遠走來，看著他說：「大奴固自有鳳毛。」用奇珍之物「鳳毛」讚美他有乃父之風。

　　關於鳳毛還有另外一個典故。南宋著名文人謝超宗，祖父是東晉山水詩始祖謝靈運。《南史·謝超宗傳》記載：謝超宗好學有文辭，深得孝武帝賞識，稱讚他：「殊有鳳毛，靈運復出。」

　　「有鳳毛」是稱譽後代子孫有其父祖的豐姿文采，而承繼前人家業並發揚光大者，則稱之為「鳳毛濟美」。本件題材便是以鳳凰身上的羽毛為主體，雕工靈活精細，形態自然而不矯作，經過百年歲月的洗禮，表面的皮殼風化相當明顯，包漿更顯得幽光沉靜，老味十足。

明代琥珀壽翁嵌件

高度：50mm，寬度：38mm，厚度：9mm，重量：7g

據典籍記載，中國歷史上最長壽的，是相傳活了八百年的彭祖，因此被尊為長壽之神。晉代葛洪所著的《神仙傳》有言：「彭祖者，姓籛名鏗，帝顓頊之玄孫，至殷末世，年七百六十歲。」由於治水有功，舜帝曾將徐州彭城一帶冊封給籛鏗，稱為大彭氏國，子孫都稱呼他為彭姓祖先，故稱「彭祖」。

彭祖在中國歷史上的影響很大，不僅孔子對他推崇備至，莊子、荀子、呂不韋等思想家都曾引述過彭祖的言論，例如《論語・述而篇》就提到：「述而不作，信而好古，竊比於我老彭。」

清代琥珀壽翁嵌件

高度：48mm，寬度：30mm，厚度：8mm，重量：5g

《史記》對彭祖的記載：「彭祖氏，殷之時嘗為侯伯，殷之末世滅彭祖氏。」道家更是把彭祖奉為養生修道的先驅者，許多道家典籍都保存有彭祖的養生遺論。在先秦時期，彭祖是眾所皆知的賢者，直到西漢劉向的《列仙傳》才把彭祖列入仙班，稱之為碩仙，自此彭祖才逐漸成為神話中的人物。

本件琥珀壽翁嵌件，表面冰裂風化明顯可見，琥珀色澤略帶金光，人物形態和表情都刻劃得相當精彩。在人物下方還有隻仙鶴，祝壽賀詞的常用語「松鶴萬古，彭祖身顯」，彭祖伴鶴的圖案，有松鶴延年的吉祥寓意。

清代血珀壽翁圓雕

長度：46mm，寬度：38m，厚度：38mm，重量：23g

　　壽星是福祿壽三星之一，為道教信奉的長壽之神，又稱為南極仙翁或長生大帝。據《封神演義》描述，南極仙翁是玉虛宮元始天尊的弟子，隨侍於天尊之側。民間認為，南極仙翁就是南極星的化身，因此南極星又被稱為老人星，如《史記・天官書》：「狼比地有大星，曰南極老人。老人見，治安；不見，兵起。」將老人星（南極星）的出現與否，視為與天下太平息息相關。

　　從東漢起，祭祀老人星的儀式便成為國家祀典之一，皇帝要帶領文武百官到老人廟祭祀祈福。所謂「七十古來稀」，敬老活動自古迄今不墜，如《後漢書・禮儀志》記載：「仲秋之月，縣、道皆案戶比民，年始七十者，授之以玉杖，餔之糜粥。八十九十，禮有加賜。玉杖長九尺，端以鳩鳥為飾。鳩者，不噎之鳥也，欲老人不噎。」

清代福壽雙全蜜蠟牌片

長度：72mm，寬度：38mm，厚度：12mm，重量：20g

壽星是中國神話中的長壽之神，形象一般為額部隆起、鬚髮皆白、面容紅潤的和藹老人，一手持枴杖，一手捧仙桃，騎乘白鹿或白鶴。唐代司馬貞的《史記索隱》記載：「壽星，蓋南極老人星也，見則天下理安，故祠之以祈福壽。」早在東漢時期，民間就有祭祀壽星的儀式，並與敬老儀式結合，祭拜壽星時，要向長壽的老人奉贈枴杖，祈求老人家能長命百歲。

蝙蝠或蝴蝶的圖騰常與壽字做結合，取其「福壽雙全」的吉祥含意。此件蜜蠟牌片便以壽字為體，數隻蝙蝠為點綴，構圖飽滿圓潤，十分討喜。

明代一品清蓮蜜蠟嵌件

長度：52mm，寬度：33mm，厚度：6mm，重量：19g

蓮花古名芙蓉，含苞未發者稱之為菡萏。自古以來，蓮花一向是神聖、耿直、廉潔、清高的象徵，深受文人雅士喜愛。

曹植在〈芙蓉賦〉中稱道：「覽百卉之英茂，無斯華之獨靈。」宋代許顗的《彥周詩話》裡也讚謂：「世間花卉，無逾蓮花者，蓋諸花皆薰風暖日，獨蓮花得意於水月清淳逸香，雖荷葉無花時亦自香也。」而最廣為人知的愛蓮者，莫過於宋代理學始祖周敦頤，他在〈愛蓮說〉一文中說：「予謂菊，花之隱逸者也；牡丹，花之富貴者也；蓮，花之君子者也。」

清代一品清蓮琥珀嵌件

長度：56mm，寬度：42mm，厚度：8mm，重量：20g

北宋周敦頤愛蓮成癡，他創辦的濂溪書院正好位於江西廬山的蓮花洞，他對蓮花的讚賞，已成為千古名句：「予獨愛蓮之出淤泥而不染，濯清漣而不妖，中通外直，不蔓不枝，香遠益清，亭亭淨植，可遠觀而不可褻玩焉。」

本件琥珀嵌件以蓮花和荷葉為題，表現出「一品清蓮」的傳統圖騰，寓意為政者即便官居一品，仍保有清廉自持的良好德行，並隨時以此圖騰來自省自戒，不可輕忽。

清代桃形琥珀圓雕掛件

長度：26mm，寬度：25mm，厚度：24mm，重量：9g

在中國，桃子素有仙家之果的美名，《神農本草經》曰：「玉桃，服之長生不死。」《神異經》中記載：「東方有樹，高五十丈，葉長八尺，名曰桃。其子徑三尺二寸，小核味和，和核羹食之，令人益壽。食核中仁，可以治嗽。小桃溫潤，既嗽，人食之即止。」桃實不論哪個部位都有其養生療效。

除了桃實之外，民間傳說桃枝還有辟邪驅鬼的作用，桃符（春聯）的前身就是桃枝，古人年終辭舊迎新時，會在大門上懸掛桃枝或桃木做成的符板祈福消災。

明代桃枝蜜蠟帽花

長度：57mm，寬度：33mm，厚度：7mm，重量：11g

壽宴上常見的壽桃，緣由要從戰國時代（西元前453～前221年）孫臏講起。孫臏為諸子百家中的兵家之首，因兵法如神，被尊為「兵學亞聖」。他曾拜於縱橫家鼻祖鬼谷子門下，十八歲離家，一去便是十數年。

在母親八十大壽前夕，孫臏拜別了恩師鬼谷子，欲回家探望老母。臨走前，鬼谷子送了一顆桃子給他，讓他帶給母親做為賀壽之禮。見到了久未謀面的孩子，孫母十分高興，而不知是思子心切，或鬼谷仙師賜的桃子妙法無邊，孫母將孫臏帶回來的桃子吃完後，原本憔悴枯朽的面容，竟然變得飽滿紅潤、肌膚緊實，髮色更由蒼白轉為烏黑，見者無不嘖嘖稱奇。

此後，壽宴獻上鮮桃祝賀成了一種孝親的傳統習俗；而若是在非桃子產季時過壽，也會用麵粉製成桃子形狀的點心來表達祝壽心意，這就是我們所熟知的壽桃由來。

明代桃枝琥珀帽花

長度：57mm，寬度：33mm，厚度：7mm，重量：11g

晉朝張華的《博物志》記載，漢武帝壽辰時，宮殿前飛來一隻黑鳥，武帝問臣子此鳥為何，群臣中只有東方朔站出來回答：「此鳥乃西王母的坐騎青鸞，王母即將前來為陛下祝壽。」不久後，西王母果然從天而降，並帶來了七顆仙桃，除了自留兩顆外，其餘五顆都贈予武帝。武帝吃完仙桃，想將剩下的核果留下來種植，西王母卻告訴他：「此桃三千年結一次果實，中原地薄，種之不生。」然後指著東方朔說：「他之前偷吃仙桃三次！」此後，便有東方朔偷桃之說，東方朔也因而被尊奉為「壽翁」。後世常用東方朔偷桃圖，來祝賀壽星「壽與天齊」。

本件帽花桃枝形態參勁有力，線條瘦硬挺拔，皮殼風化自然縝密，為典型的明代作品。

清代高官厚祿琥珀臥鹿圓雕

長度：64mm，寬度：46mm，高度：26mm，重量：24g

鹿的圖騰含意，一般泛指「福祿壽」三星之中的「祿星」。祿星或稱子星、跳加官，也是由一顆星辰演化而來。司馬遷《史記·天官書》記載：「斗魁戴匡六星，曰文昌宮：一曰上將，二曰次將，三曰貴相，四曰司命，五曰司中，六曰可祿。」統稱文昌宮的這六顆星就在北斗七星正前方，其中第六顆星就是主管官祿的祿星。

關於祿星的化身眾說紛紜，一說是晉朝的張育，也就是人們熟知的文昌帝君。文昌帝君又稱梓潼帝君，是保佑官運和考運的神祇。東晉寧康二年（西元374年），張育自稱蜀王，起兵對抗前秦苻堅，不敵而亡，當地人認為張育是梓潼神「亞子」的轉世化身，故稱其「張亞子」。文昌帝君身旁還有兩位書僮，一為「天聾」，一為「地啞」，代表「天機不可洩漏」、「文運人不能知」，並告誡後世文人學子為人要謙卑，不可妄言。

明代雙鹿紋琥珀握手

長度：72mm，寬度：40mm，高度：18mm，重量：36g

到了宋代，祿星換人做做看，成了助人得子的送子神張仙。在明朝初年的戲劇中，開始出現「祿星抱子下凡塵」的歌詞。

張仙，據說是五代時期（西元907～960年）四川地區著名的道士張遠霄，擅長使用彈弓降妖除魔。《歷代神仙通鑑》記載，宋仁宗苦無子嗣，有一天夢到一位童顏鶴髮的美男子跟他說：「你之所以一直無子嗣，是因為天狗凶神纏身，只要你能多行仁義，我就替你驅趕凶神。」仁宗醒後，便命臣子照著夢中記憶畫出張仙形像，懸掛於堂上每日祭祀，並照張仙的吩咐廣行仁政，不久之後，果然如願得子。

本件雙鹿紋琥珀握手構圖嚴謹工整，流暢的線條勾勒出鹿的優雅身形，表面皮殼完整自然，握感溫潤飽滿。

遼金高官厚祿琥珀臥鹿圓雕

長度：78mm，寬度：46mm，厚度：22mm，重量：28g

臥鹿原本是宋代的一種餅食，形狀似臥鹿而得名。由於「鹿」與「祿」同音，臥鹿便取其形音，常被用來做為吉慶禮品。北宋孟元老的《東京夢華錄·育子》有云：「凡孕婦入月，用盤合裝送饅頭，謂之分痛。並作眠羊、臥鹿、羊生、果實，取其眠臥之義。」《宋史·禮志十八》也提到，諸王納妃定禮中，有眠羊、臥鹿、花餅、銀勝、小色金銀錢等物。

本件琥珀圓雕作品保存完整，臥鹿形態樸拙大器，雕工俐落自然，以頭頂高冠做為高官的諧音，與臥鹿組合成高官厚祿的吉祥圖騰，頗有古意。

遼金臥鹿琥珀圓雕

長度：55mm，寬度：25mm，高度：36mm，重量：18g

　　中國傳統文化有「四靈獸」的組合，分別為麒麟、鳳凰、神龜、龍，其中又以麒麟神獸為首，以厚德著稱。事實上，古人眼中的麒麟就是從鹿的形態演化而來。麒麟這兩個字均從鹿字旁，《說文解字》記載：「凡鹿之屬皆從鹿。」又釋麒：「麒，大牡鹿也。」大牡鹿即大公鹿。

　　鹿代表福祿雙全，寓意延年益壽、健康吉祥、永保青春，象徵吉祥長壽之意。在道家傳說中，鹿是天上瑤光星散開時所生成的瑞獸，這種長壽的仙獸出沒於仙山之間，保護靈芝仙草，壽命一千年者為蒼鹿，一千五百年者為白鹿，二千年則為玄鹿，向人間布福增壽。

　　本件琥珀圓雕臥鹿，工法簡潔而嚴謹，形態自然不矯作，頗有大匠之風，細細品味，方可明瞭何謂「大巧不工」。

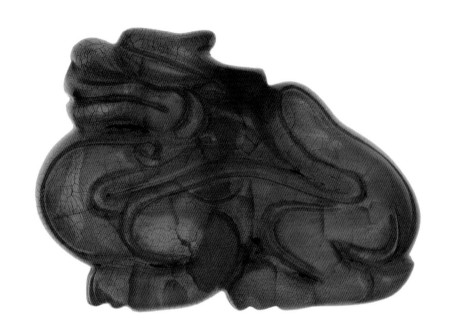

明代麒麟琥珀圓雕

長度：54mm，寬度：22mm，高度：39mm，重量：24g

據《春秋》記載，魯哀公十四年春天，哀公在西部狩臘時，曾捕獲一頭麒麟，孔子知道後十分哀傷，他流淚悲嘆：「吾道窮矣！」並預言周王室注定要衰亡。

古人認為，麒麟是為世人帶來吉祥的瑞獸，若被射死或捕獲即大凶之兆，代表王室將亡。孔子從此便中斷了《春秋》的寫作，其後的篇章由其弟子續寫而成，後人因此稱《春秋》為《麟經》，也稱之為《麟史》。由此可見，自周朝開始，中國人對於麒麟的信仰已是根深柢固。

在民間，麒麟也被視為吉祥如意的象徵，以前江南地區每逢春節時會抬著用竹骨及紙扎成的麒麟，配上鑼鼓伴奏，沿著大街小巷歡欣鼓舞高歌，大肆慶賀，俗稱「麒麟唱」。麒麟唱的歌詞內容，大都是為了祝賀新年，也可說唱故事，詠嘆古人。

清代蒼龍教子琥珀帶鉤

長度：72mm，寬度：18m，厚度：13m，重量：12g

「蒼龍教子」是中國傳統裝飾圖案之一，宋元以降，此種圖案便常出現於各式器物中，明朝更為普遍。蒼龍教子是由一條大龍和一條小龍組合而成，大龍在上，小龍在下，看似大龍對小龍施以諄諄教誨，有望子成龍、教育後代早日成材之意，又名「教子升天」。

由於琥珀材質本身較為脆弱，用來製作帶鉤相當少見，也不合常理，因此本件作品應屬賞玩之物而非實用器具。帶鉤上的雙龍比例勻稱，工法細緻流暢，典雅而大器。

遼金鳥型琥珀圓雕

長度：36mm，寬度：18mm，厚度：18mm，重量：8g

中國五帝之一的少昊（約西元前2598～前2525年）是黃帝之子，他建立了東夷部族，這是史前時代最先進的文明部族，中國最古老的文字、弓箭、禮制都是由東夷族所創立。東夷族崇拜百鳥，不但以鳥為族徽，連文武百官的體制都由鳥來命名，管轄範圍內有玄鳥氏、青鳥氏等二十四個氏族，形成了一個以鳥為圖騰的部落社會，因而又被稱為鳥夷。

《漢書·地理志》顏師古注：「此東北之夷，搏取鳥獸，食其肉而衣其皮也。一說居在海曲，被服容止皆象鳥也。」在東夷文化出土的文物中，幾乎所有器具上都有鳥圖騰，舉凡銅器、玉器、陶器等實用品，工藝和美感都比同時期的其他部族來得精巧細緻。

本件作品為遼金時期的鳥型琥珀圓雕，琥珀屬於有機質，材質較脆弱，容易受到環境影響。本作品歷經歲月洗禮，還能保有如此完整的外形，實屬難能可貴。

明代福在眼前琥珀牌片

長：70mm，寬：50mm，厚度：9mm，重量：21g

蝴蝶自古受文人墨客的青睞，詩人因物起興，以蝴蝶為題的詩作，除了描寫蝴蝶優美的形態，更以蝶寄情，抒發胸懷感觸。北宋文學家謝逸（1068～1113年）就著有三百首蝴蝶詩，被稱為謝蝴蝶，如〈詠蝴蝶〉一詩：「狂隨柳絮有時見，舞入梨花何處尋。江天春晚暖風細，相逐賣花人過橋。」及〈玉樓春〉：「杜鵑飛破草間煙、蛺蝶惹殘花底露」。

此外，南朝的梁簡文帝蕭綱（503～551年）也是愛蝶之人，他的〈詠蛺蝶〉一詩據信是現存最早的蝴蝶詩句：「復此從鳳蝶，雙雙花上飛。寄語相知者，同心終莫違。」簡單的二十個字，將內心深厚的情意表露無遺。

除了優美的身姿之外，蝴蝶也有吉祥的寓意。「蝴」音近於「福」，古人常在元旦、立春時剪蝴蝶紙花，祈求新的一年能吉祥如意、福運迭至。

清代福在眼前蜜蠟嵌銀片

長度：74mm，寬度：28mm，厚度：6mm，重量：25g

　　唐代李商隱（813～約858年）也是愛蝶詩人，曾有〈蝶〉詩四首，情深濃厚，意境迷人。其一：「孤蝶小徘徊，翾翾粉翅開。並應傷皎潔，頻近雪中來。」其二：「葉葉復翻翻，斜橋對側門。蘆花惟有白，柳絮可能溫。西子尋遺殿，昭君覓故村。年年芳物盡，來別敗蘭蓀。」其三：「初來小苑中，稍與瑣闈通。遠恐芳塵斷，輕憂豔雪融。只知防灝露，不覺逆尖風。回首雙飛燕，乘時入綺櫳。」其四：「飛來繡戶陰，穿過畫樓深。重傅秦臺粉，輕塗漢殿金。相兼唯柳絮，所得是花心。可要凌孤客，邀為子夜吟？」

　　上述佳句都是詩人借蝴蝶舒懷，寄情達意，由於平日觀察入微，才能譬喻貼切，足見蝴蝶與中國文化的密切關係。

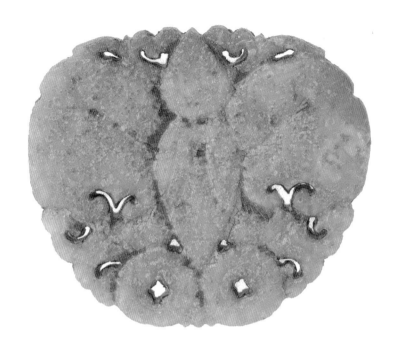

明代蝴蝶紋蜜蠟牌片

長度：56mm，寬度：44mm，厚度：4mm，重量：19g

唐代詩人李商隱最具代表性的詩，實為悲涼感傷的〈錦瑟〉莫屬：「錦瑟無端五十弦，一弦一柱思華年。莊生曉夢迷蝴蝶，望帝春心託杜鵑。」其中莊周夢蝶的典故，出自於莊子的〈齊物論〉。

「昔者莊周夢為蝴蝶，栩栩然蝴蝶也。自喻適志與！不知周也。俄然覺，則蘧蘧然周也。不知周之夢為蝴蝶與？蝴蝶之夢為周與？周與蝴蝶則必有分矣。此之謂物化。」莊子在夢見自己變成蝴蝶後，問了這樣一個問題：是莊周做夢變成蝴蝶呢？還是蝴蝶做夢變成莊周呢？

莊子為道家代表人物，莊周夢蝶的概念深深地影響了後世的哲學家，在理性和感官之間，探討虛幻和真實的區別。

明代蝴蝶紋蜜蠟牌片

長度：52mm，寬度：20mm，厚度：5mm，重量：11g

有關蝴蝶的愛情故事，最為人熟知的，應屬晉代的梁山伯與祝英台。梁祝故事最早的文字紀錄見於唐代，據晚唐張讀的《十道四蕃志》記載：「義婦祝英台與梁山伯同塚，即其事也。」明代黃潤玉的《寧波府簡要志》中，對兩人的故事有了較詳盡的描述：「梁山伯、祝英台二人少同學，比及三年，山伯不知英台為女子。後山伯為鄞令，卒，葬此，英台道過墓下，泣拜，墓裂而殉，遂同葬焉。東晉丞相謝安奏封為義婦塚。」

至於現今最膾炙人口、淒美感人的梁祝化蝶，故事架構則是出自清代邵金彪的《祝英台小傳》：「英台乃造梁墓前，失聲慟哭，地忽開裂，墮入塋中，繡裙綺襦，化蝶飛去。」多了梁祝化蝶的結局。

明代福在眼前蜜蠟牌片

長度：26mm，寬度：18mm，厚度：4mm，重量：6g

　　雲南點蒼山下，距大理古城約二十公里處，有一座名為蝴蝶泉的方形泉潭，每年農曆四月十五日有成千上萬的蝶群匯聚，在泉邊漫天飛舞，五彩繽紛，蔚為奇觀。附近的白族人會在泉邊賞蝶野餐，年輕人也趁此機會尋覓伴侶，稱之為「蝴蝶會」。

　　白族自古流傳一則有關蝴蝶泉的故事：傳說在古代，有一條凶殘的巨蟒精，每年都要從白族的村寨中活捉兩名年輕女子做為祭品。有位勇敢的白族獵人奮勇深入洞中殺死巨蟒，救出兩名女子，女子欲以身相許回報，耿直的獵人不願趁人之危而拒絕。性格剛烈的兩女子竟跳入泉中以死相許，獵人追悔莫及，也縱身躍入，後來三人都化成彩蝶，飛舞在泉水邊，後人便將此地命名為「蝴蝶泉」。

明代蝴蝶紋蜜蠟牌片

長度：50mm，寬度：26mm，厚度：4mm，重量：15g

　　長久以來，蝴蝶一直是中國人偏愛的昆蟲圖騰。蝴蝶不但是美麗和優雅的化身，更有著「羽化」和「重生」的精神含意。中國人的情感一向內斂深厚，而蝴蝶破蛹而出，在空中翩翩飛舞的形象，正可讓保守內斂的中國人，在情感上得到適當的抒發。在讀音上，「蝴蝶」與「福疊」諧音，寓意福氣綿綿不絕，十分吉祥。

清代福在眼前蜜蠟嵌件

長度：38mm，寬度：26mm，厚度：5mm，重量：8g

蝙蝠晝伏夜出，在生物學尚未發達的古代，認為其習性相當神祕，也賦予諸多神祕色彩。古人認為蝙蝠是長壽的動物，將蝙蝠風乾後研磨成粉末服食，可延年益壽、長生不老。例如，東晉時期道家仙翁葛洪所著的《抱朴子》提到：「千歲蝙蝠，色如白雪，集則倒懸，腦重故也。此物得而陰乾，末服之，令人壽四萬歲。」《太平御覽》也記載：「交州丹水亭下有石穴，甚深，未嘗測其遠近，穴中蝙蝠大者如鳥，多倒懸，得而服之使人神仙。」

基於此種深刻的印象，蝙蝠一向是吉祥圖騰中常見的動物，常與壽字組合為「福壽雙全」，或是與錢幣紋組合成「福在眼前」。本件蜜蠟嵌件將兩個銅錢紋組合為盤纏結的樣式，更有「福在眼前，綿延不絕」的吉祥寓意。

遼金雙蠶琥珀掛件

長度：36mm，寬度：22mm，高度：28mm，重量：9g

螺祖是中國歷史上首位養蠶者，被尊稱為「先蠶」（蠶神），相傳為黃帝軒轅氏的元配。北宋劉恕的《通鑑外紀》記載：「西陵氏之女螺祖為帝之妃，始教民育蠶，治絲蘿以供衣服。」

蠶蛹器物最早見於殷商時期，中國人對蠶神的信仰十分虔誠，在男耕女織的固有文化裡，祭祀蠶神的儀式，從商周至明清都被列為國家重要祭典。舊時，蠶業生產的每個步驟，如孵蠶蟻、蠶眠、出火、上山、繰絲，都要恭敬地祭祀一番；後來祭儀趨於簡化，到了近代，江南蠶桑地區每年都會舉行兩次祭祀活動，即祭蠶神和謝蠶神。

祭蠶神於清明節前後或蠶蟻孵出之日舉行，將蠶蟻供在神位前，點上沒有氣味的香，供三牲叩拜；謝蠶神則在做絲或採繭完後舉行，將新繭或新絲擺在神位前，供三牲叩拜。此外，還有蠶神廟會、供奉馬頭娘（蠶花娘娘），祈禱蠶桑豐收，演戲謝神。

本件琥珀作品以蠶蛹為形，有一中穿孔，為罕見的琥珀題材。

上蓋

十九世紀仿商周琥珀方鼎

長度：100mm，寬度：90mm，高度：120mm，重量：826g

　　由於夏禹治水有功，舜帝便將王位禪讓於他。禹把天下畫分為九州，並將九州部落首領進奉的青銅鑄造成九個大鼎，鼎上分別刻上各族圖像和地理狀況、貢賦定數及代表風景。據《史記・楚世家》記載，九鼎是由三件圓鼎和六件方鼎組成，為國家權力的象徵物。

　　西周時，周成王平定商朝遺民的叛亂後，把前朝遺民遷到郟鄏（東都洛邑），並舉行定鼎典禮，史稱「定鼎郟鄏」。春秋時代，楚國勢力崛起，楚莊王意欲篡奪大位，當著周王的面詢問其隨從：「周天子的九鼎有多大多重？」此後，「問鼎」一詞便用來比喻人有逐鹿天下的企圖與野心。

　　自秦國滅了周朝之後，九鼎至此失去下落，據《史記・封禪書》記載：「宋太丘社亡，而鼎沒於泗水彭城下。」秦始皇和漢文帝都曾在泗水一帶打撈，但都徒勞無功，女帝武則天和宋徽宗也曾重鑄九鼎。目前北京中國國家博物館的九鼎是重新鑄造的，做為館內的永久展藏。

　　此件琥珀鼎做工細緻，仿商周青銅器雕製而成，十分罕見。

119

透光

清代如意童子血珀圓雕

長度：34mm，寬度：18mm，高度：60mm，重量：22g

「如意」是自印度傳入的佛具之一，譯自梵語「阿娜律」（Aniruddha），是一種頂端呈心形的手柄。在佛教的藝術品中，常有手持玉如意的菩薩像；而法師講經時，也會將經文刻錄於如意上，以免有所遺漏。

有關如意的文獻紀錄，最早出現於晚唐段成式所撰的《酉陽雜俎》卷十一：「孫權時掘地得銅匣，長二尺七寸，以琉璃為蓋。又一白玉如意，所執處皆刻龍虎及蟬形，莫能識其由。」其中又引《胡綜別傳》說此白玉如意是秦始皇所埋，因為金陵具有王氣。此後，如意的造型和功能，逐漸演變為搔背的工具「爪杖」，和臣子上朝時用於記事的「朝笏」。

如意寓意吉祥、造型討喜，在實用功能淡去後，成了擺設用的珍玩和贈禮用的飾物；而手持如意的童子或仕女，在各類工藝品中也相當常見。本件血珀如意童子，造型活潑可愛，圓潤討喜。

菊花紋琥珀圓雕

長度：68mm，寬度：54mm，厚度：26mm，重量：30g

中國人栽種菊花的歷史悠久，賞菊食菊的習慣早已蔚為風氣，愛國詩人屈原曾言：「朝飲木蘭之墜露，夕餐秋菊之落英。」在《神農本草經》中，也將菊花列為上品食材，說「久服利血氣、輕身、耐老、延年」。

在古代曆法上，菊也是時令代稱，稱九月為「菊月」；而從漢代開始，每逢九九重陽，必定會飲用菊花酒。由於花色繽紛，形質兼美，在深秋時節傲霜挺立，凌寒不凋，因此菊花與梅蘭竹並列為花中四君子，深受文人墨客喜愛。盛唐詩人杜甫〈雲安九日〉詩句：「寒花開已盡，菊蕊獨盈枝。」及北宋韓琦的〈九日小閣〉：「莫嫌老圃秋容淡，且看黃花晚節香。」都是以暗喻筆法，來讚美菊花的堅貞高潔。晉代詩人陶淵明更是愛菊成癖，「採菊東籬下，悠然見南山」的悠然灑脫，不計名利的恬然自得，成為流芳千古的佳話。

琥珀類的圓雕作品甚為稀有，以菊花為題材者更是罕見，此件琥珀圓雕作品屬把玩件，握感十足，品相絕佳。

清代琥珀圓雕臥犬

長度：65mm，寬度：28mm，厚度：20mm，重量：46g

　　中國人對於狗這種動物，有兩種截然不同的印象。有時視之為帶來吉祥的動物，若家裡突然跑來一隻狗，主人會很高興收養，因為這代表了財富即將上門，也就是所謂的「狗來富」。另一種是負面印象，比如最早出現於《山海經》中的天狗，就被認為是災禍兵亂的前兆，天狗食日、天狗食月，狗兒竟成了日蝕、月蝕的莫名元兇。除了預兆吉凶外，在民智未開的古代，狗也成為各種禮儀供祭的祭品。根據《荀子・禮論篇》所述，狗屬於至陽之畜，在東方烹狗，可以使陽氣勃發，從而蓄養萬物。

　　此為琥珀類少見的圓雕作品，臥犬取其「握權」諧音，於掌中盤玩，有大權在握的寓意。

民初素面琥珀翎管

長度：78mm，寬度：18mm，重量：18g

　　清代官員的階級品位，可從頭頂上的花翎來辨識，就如同漢代天子近臣們冠上的珥貂（冠上所插的貂尾飾）。翎管是花翎的前端部分，是清朝官帽頂珠下用來插翎枝的管子，多為圓柱形，柱頂有鼻，管內掏空，中空部分大如煙嘴。材質有翡翠、白玉、碧璽、琥珀、青金石、水晶、琉璃、瓷、銅等。

　　按大清律例，翠玉翎管是文官位階至一品的鎮國公、輔國公專用；白玉翎管，是武官位階至一品的鎮國將軍、輔國將軍專用；五品以上的官員皆冠戴孔雀花翎，而六品以下的，只能戴鶡羽藍翎，俗稱野雞翎子。康熙年間，福建省提督施琅收復台灣有功，康熙皇帝欲賜封施琅為靖海侯，世襲罔替，但施琅卻上疏辭侯，只懇求皇帝賞賜一花翎。由此可見，賞賜花翎的榮耀遠超過加爵封侯。

　　此件琥珀翎管皮殼較新，應為民初製品，無實用功能，僅供文人雅士賞玩之用。

明代二龍戲珠蜜蠟木魚掛件

長度：38mm，寬度：36mm，厚度：26mm，重量：20g

二龍戲珠是民間常見的一種吉祥裝飾圖紋，多用於建築彩畫和刺繡雕刻等工藝精品上。關於二龍戲珠的典故如下：相傳天池山有一座深潭，潭中居住著兩條青龍，牠們的性情溫和，除了在此修煉道行，對附近百姓的生活也相當照顧，常常呼風喚雨，使農畜興旺，讓百姓們都能衣食無缺。

某天，一群仙女在天池中沐浴更衣，忽有一頭渾身長毛的千年熊精現身騷擾，意欲調戲，兩條青龍聽到仙女的呼救聲，化身為天將持械披甲前來救援，將熊怪打得落荒而逃。眾仙女感念其恩，將此事上奏王母娘娘，娘娘欣喜，從懷中取出一顆金珠贈予兩條青龍，欲助牠們能早日得道成仙。二龍心性善良又感情深厚，皆不欲獨吞金珠，一顆金珠就在二龍間互相推讓，天池潭內一時金光閃動不已。玉皇大帝知情後深受感動，便派太白金星賜予另一顆金珠，二龍各吞服一顆金珠後終於得道，位列仙班。

本件作品為難得的蜜蠟木魚珍品，二龍戲珠紋飾深淺有度，活靈活現，比例恰到好處，有著「喜慶豐收、祈求吉祥」的美好寓意。

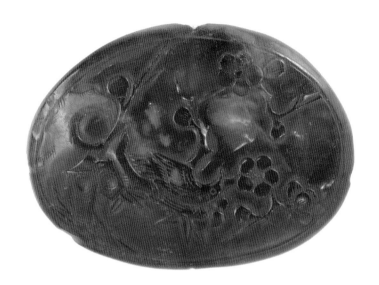

清代梅枝蜜蠟帽花

長度：54mm，寬度：40mm，厚度：8mm，重量：14g

梅花一向是文人墨客、妙工巧匠的重要題材，通常在冬春交替時節綻放，與蘭、竹、菊同列為「四君子」，也與松、竹並稱為「歲寒三友」。梅花蒼勁古樸、堅忍不拔、神姿綽約、暗香疏影，常用來譬喻人品高潔、品格清奇。

除了觀賞價值外，梅實也具有食療效果。梅是薔薇科落葉果木，果實常被醃漬成話梅等多種蜜餞，有生津解渴、解熱鎮咳效用。《本草綱目》也記載：「梅性平，味酸。烏梅性溫味酸，平濇，下氣，除熱煩滿，安心，止肢體痛，偏枯不仁，死肌，去青黑痣，蝕惡肉，利筋脈，止下痢好唾、口乾。」

明代梅花蜜蠟帽花

長度：48mm，寬度：40mm，厚度：8mm，重量：12g

自古愛梅雅士眾多，宋代詩人范成大著有《梅譜》，曾自敘：「梅，天下尤物，無問智賢愚不肖，莫敢有異議。學圃之士，必先種梅，且不厭多。」清代園藝學家陳淏子的《花鏡》描述：「梅者瓊肌玉骨，物外佳人，群芳領袖。」

要論愛梅成癡的代表人物，則非北宋詩人林逋（967～1028年）莫屬。林逋字君復，世稱和靖先生，性情孤高自賞，恬淡好古，一生不婚不仕，隱居於西湖孤山，以植梅養鶴為樂。他在山上種了三百多株梅樹、養了兩隻白鶴，在當時有「梅妻鶴子」的雅號，他的〈山園小梅〉一詩云：「眾芳搖落獨暄妍，占盡風情向小園。疏影橫斜水清淺，暗香浮動月黃昏。」將梅的特質描述得淋漓盡致。

明代喜上眉梢蜜蠟嵌件

長度：45mm，寬度：28mm，厚度：5mm，重量：12g

　　喜鵲是中國傳統文化中最受喜愛的鳥類圖騰，又名乾鵲、鳷鵲或飛駁鳥，《周易》統卦云：「鵲者，陽鳥，先物而動，先事而應。」認為鵲鳥能感應自然變化，並預知吉兆。喜鵲身形輕盈靈巧，聲音明快清亮，相當討喜，如同春聯中常寫道：「紅梅吐蕊迎新春，喜鵲登枝唱豐年。」

　　《本草綱目》記載：「鵲，烏屬也。大如鴉而長尾，尖嘴黑爪，綠背白腹。上下飛鳴，以音感而孕，以視而抱。季冬始巢，開戶背太歲，向太乙，知來歲多風，巢必卑下。其鳴唶唶，故謂之鵲；鵲色駁雜，故謂之駁；靈能報喜，故謂之喜；性最惡濕，故謂之乾鵲。」南朝醫學家陶弘景的《本草經集注》中謂之為飛駁鳥，可做藥引。

清代喜上眉梢蜜蠟帽花

長度：58mm，寬度：40mm，厚度：12mm，重量：18g

春秋時期晉國大夫師曠所著的《禽經》記載：「靈鵲兆喜，鵲噪則喜生。」戰國時代的神醫「扁鵲」之名，便是由此典故而來，可見喜鵲象徵吉祥安康的形象，早已在中國文化中根深柢固。

無論是文學創作或工藝作品，喜鵲都是相當常見的題材。傳說中，喜鵲是居住在天上的仙鳥，每年農曆七月七日牛郎織女相會，就是由喜鵲在天河上搭的橋。某年牛郎和織女相會時，兩人閒聊談到，

玉帝派了金牛星下凡，在人間播撒了草種，使大地一片綠茵，十分美麗。織女說道：「若能有鮮花點綴，那就更美了。」喜鵲聽了就回報給王母娘娘，王母娘娘一聽甚喜，便吩咐掌管百花的仙子，帶著天宮中的群花種子下凡播種，只留下王母娘娘最愛的梅花，不捨得讓其下凡。自從百花仙子下凡後，人間四時節令幾乎都可見到繁花盛開的美麗景象。

清代喜鵲弄梅蜜蠟嵌件

長度：58mm，寬度：42mm，厚度：8mm，重量：14g

　　奉王母娘娘之命下凡的百花仙子中，唯獨缺了梅花仙子，因此在寒冷的冬天時節，觸目所及不見一點花顏，顯得格外冷清寥落。喜鵲見狀，就從王母娘娘的後花園偷了一株梅花樹苗送到人間，這株梅苗就落在一戶人家的花園裡。

　　說巧不巧，這戶人家的女兒正要出嫁，新嫁娘見到窗外梅花盛開，枝頭上還有一隻鳴聲嘹亮的喜鵲蹦來跳去，便順手拿了把剪刀，用紅紙將此景剪成了窗花，並帶到了開染坊的男方家中。新郎見此圖案十分別致，便將窗花描繪在木板上做成印花版，印製出形形色色的印花布料，喜鵲加上梅花的造型廣受好評。從此，「喜上眉梢」便成為祝賀新婚的傳統圖騰。

清代喜中三元蜜蠟嵌件

長度：56mm，寬度：38mm，厚度：8mm，重量：15g

除了「喜上眉梢」外，喜鵲配上三朵梅花或三顆桂圓，也可組合成「喜中三元」的吉祥紋飾。所謂「三元」，是指古代科舉制度的解元、會元和狀元，即分別在鄉試、會試、殿試三種考試的榜首。科舉制度始於隋朝，一直延續至清末，在這一千三百多年間，能夠連中三元的人並不多見，據後世考證，自古至今也只有十七人獲此殊榮。明代著名戲曲《三元記》中，就是以此為藍本，敘述讀書人奮發向上，連中三元的故事。不過，傳世的《三元記》有兩種版本，其一的主角為宋代馮京，另一版本的主角則是明代商輅，各有各的精彩之處。

明代龍紋蜜蠟帶板

長度：52mm，寬度：38mm，厚度：10mm，重量：20g

　　《說文解字》釋龍：「鱗蟲之長，能幽能明，能細能巨，能短能長，春分而登天，秋分而潛淵。」五千年來，「龍」一直是中華民族最崇高的神聖代表，也是紋飾中最為吉祥的圖騰。遠古的神話記載，女媧創造了人類，伏羲是文明的始祖。這兩位大神的外型都是人首龍身，也正因如此，中國人一向自詡為龍的傳人；而以龍為主題所創造出的各種圖騰紋飾，在中國傳統文化中一向有著舉足輕重的地位。

　　筆者收藏的十餘件龍紋琥珀帶板，其中以此件作品的龍紋最具代表性，嚴謹細緻的雕工，刻畫出典型明代龍紋的靈巧神態，躍然欲出，是琥珀帶板中難能可貴的一件作品。

明代龍紋蜜蠟帶板

長：48mm，寬：32mm，厚度：12mm，重量：18g

　　龍真的曾經存在嗎？目前是否仍存在？至今仍是眾說紛紜。中國曆法從夏朝創立天干地支系統後，到了秦漢之際，就和鼠、牛、虎、兔、龍等十二種動物相對應。其中最特別的，便是龍這個生肖。牠是十二生肖中唯一不存於世的動物，但關於龍的記載，卻常見於各朝正史或地方縣志中。

　　《晉書》記載：「晉永和元年（西元345年）夏四月，一黑龍一白龍見於龍山……」東晉《華陽國志》也曾提到世間有龍出現，還逗留了九天：「建安二十四年（西元219年），黃龍見武陽赤水九日。」而這些文獻紀錄究竟是真有此事，抑或是封建時代為了鞏固皇權而杜撰出的奇聞逸事，至今無從考證。

　　本件作品表面刻紋處呈現綠色痕跡，此為琥珀入土後因遭受同時埋入的銅器影響，在經年累月的化學作用下而產生的自然銅綠沁痕，這在琥珀文物中十分罕見。

明代雙龍獻壽蜜蠟帶板

長度：56mm，寬度：44mm，厚度：6mm，重量：20g

　　若要追本溯源，我們可以從「龍」這個字中發現許多獨一無二的特性。根據《康熙字典》的分類，筆畫甚多、看似由多部首所構成的龍字，竟自屬一個部首，也就是「龍部」；而龍字屬象形字，從甲骨文中的字形來看，龍的頭上長著如皇冠的角，身體如蟒蛇般蜿蜒，尾部微翹，還張著大口，將龍的形態描繪得相當細膩。由此推斷，可以合理假設當時的造字者應該曾經見過龍的本尊實體。

明代雙龍獻壽琥珀帶板

長度：45mm，寬度：35mm，厚度：10mm，重量：17g

　　自伏羲、神農、黃帝、堯、舜、禹起，都以龍形做為中華民族的族徽。龍紋的形制，隨著各個時期的文化背景發展，循序漸進地演變至今。龍紋的考據，最早可追溯至八千年前的抽象龍紋，一直到了漢代時期，在仙道思想的影響下，龍的形象益加豐富，跳脫出單純的動物紋飾，形態變得更出神入化、變化莫測。

　　從漢高祖劉邦開始，龍便成為皇族的專屬象徵，並禁止皇族以外的百姓以龍做為裝飾。從皇宮的建築到宮廷器物的裝飾、服飾的繡紋，都常見到龍的紋飾，代表著皇權至高無上的地位。

明代雙龍獻壽蜜蠟帶板

長度：60mm，寬度：44mm，厚度：12mm，重量：22g

受到陰陽五行學說盛行影響，漢代也流行「四靈」（青龍、白虎、朱雀、玄武）並繪，古人將麒麟、鳳、龜、龍稱為四靈，認為麒麟是獸類之首，鳳是鳥類之王，龜是介類之長，而龍則是水中鱗類之尊，此四靈被視為祥瑞、和諧、長壽、高貴的象徵。

以雙龍獻壽為題的琥珀帶板不多，而能將雙龍紋刻劃得如此立體流暢者更是少之又少，恰到好處的線條轉折和浮雕角度，讓龍形更顯栩栩如生，藝術性十足。

遼金風格龍形琥珀握手

長：59mm，寬：45mm，厚度：21mm，重量：24g

　　隋唐開始，龍紋的造型逐漸有了固定的結構，除了龍首、龍身、龍尾有一定樣式外，龍角、龍鬚、龍爪、背鰭等也逐漸定型。此外，漢代龍身上的羽翼，到魏晉時期仍然存在，隋唐以降，龍的形態更趨於具體與寫實，龍角似鹿角、龍爪似鷹爪、龍身似蛇身、龍鱗似鯉鱗，鱗片更為細密。直至宋代後，龍的造型才開始規格化，也就是現今常見的龍紋形制。

　　握手的形制源自於漢族，有大權在握的含意，象徵持有者的財富與權力。在契丹的禮法中，更規定唯有貴族才能佩戴握手。在陳國公主墓中，公主與駙馬的手中各有一握手，公主為雙鳳紋，駙馬為螭龍紋，為遼金琥珀文物中頗具分量的代表作品。

遼金風格龍形琥珀握手

長度：70mm，寬度：31mm，厚度：14mm，重量：27g

在工藝方面，五代南唐畫家董羽是畫龍高手，他首先提出龍形有「三停九似」的特點，他在《畫龍輯議》一書提到：「自首至頂，自項至腹，自腹至尾，三停也。九似者，頭似牛、嘴似驢、眼似蝦、角似鹿、耳似象、鱗似魚、鬚似人、腹似蛇、足似鳳，是名為九似也。」明代唐伯虎也將此論述收錄在匯輯的《六如居士畫譜》中。

及至北宋郭若虛在《圖畫見聞志》中，將「三停」改為「自首至膊，自膊至腰，自腰至尾」三個段落，而將「九似」的四個部位改成「頭似駝，眼似鬼，腹似蜃，耳似牛」，去掉了鬚、足、嘴的特徵，並新增了「項似蛇，掌似虎，爪似鷹」三個特點。

透光

清代龍紋琥珀帽花

長度：58mm，寬度：40mm，厚度：14mm，重量：18g

事實上，兩千多年前，東漢時期著名的思想家王符（西元85～163年），早就提出龍形九似的論述，據宋代羅願的《爾雅翼》記載：「龍者鱗蟲之長。王符言其形有九似：頭似駝、角似鹿、眼似兔、耳似牛、項似蛇、腹似蜃、鱗似鯉、爪似鷹、掌似虎，是也。其背有八十一鱗，具九九陽數。其聲如戛銅盤。口旁有鬚髯，頷下有明珠，喉下有逆鱗。頭上有博山，又名尺木，龍無尺木不能升天。呵氣成雲，既能變水，又能變火。」

至於文中提到的博山、尺木又是什麼東西呢？應該是指位於龍角前方的兩個明顯突起，這兩個突起物暗藏玄機，缺了它們，就無法飛龍在天了。

明代龍紋蜜蠟帽花

長度：56mm，寬度：32mm，厚度：12mm，重量：16g

目前中國最早與龍有關的出土文物記載，是發掘自河北省邯鄲市西北十公里處的三陵鄉姜窯村臥龍坡附近。自1988年至今，考古學家在臥龍坡附近已挖掘出一大九小等十條巨型石龍，以大龍為中心，左五右四，十隻長度約在三百多公尺的石龍，盤踞在臥龍坡上。

據專家推斷，從石龍埋藏在十三公尺厚的積土層中，年代應可上推至三萬年前，而如此巨大的石龍陣卻未曾記載於史籍中，確實令人費解。值得一提的是，發現石龍的地方，自古以來就被稱為臥龍坡。至於為何會叫「臥龍坡」，現今也已無從考據了。

清代螭紋蜜蠟帽花

長度：50mm，寬度：40mm，厚度：10mm，重量：17g

不同的朝代，龍紋都各有特色，最簡便的辨識方式便是從龍爪樣式下手。元以前的龍基本為三爪，有時前兩足為三爪，後兩足為四爪，實例可參見唐、宋、元的瓷器紋飾。到了明代，開始流行四爪龍，清代的龍則是五爪居多。由龍紋所衍生出來的紋飾種類繁多，如二龍戲珠、雙龍獻壽、龍鳳呈祥等，而與龍紋十分相似的螭紋也相當常見。

螭是古代傳說中的一種龍屬動物，有說是龍子之一，也有一種說法是母龍。

玉器上出現螭龍的形象，最早是在戰國時期。一般來說，螭紋大都是張口、卷尾、蟠屈形態，有些紋飾有角，有些則無。

清代螭紋蜜蠟帽花

長度：42mm，寬度：32mm，厚度：8mm，重量：16g

中國自古就有「龍生九子，子子不同」這種說法，九龍子性情各異，各有所好，螭龍就是龍生九子中的老二，亦稱草龍。

所謂「龍生九子不成龍」，九子的外型與龍不同，包括喜歡負重的霸下（贔屭）、習性好張望的螭吻（鴟吻）、喜歡鳴叫的蒲牢、形體似虎的憲章（狴犴）、好飲食的饕餮、性好水的蚣蝮、性好殺的睚眥、形體似獅的狻猊、形體似螺蚌的椒圖。

民間認為螭龍能大能小，極為善變，能驅邪避災，寓意美好吉祥，也象徵男女之間的情意綿綿。《說文解字》記載：「螭，若龍而黃，北方謂之地螻，從蟲，離聲，或云無角曰螭。」螭龍的形態，隨著時代的演變而略有不同。

清代螭紋蜜蠟帽花

長度：44mm，寬度：30mm，厚度：10mm，重量：15g

戰國時期的螭龍紋，眼部圓滾，鼻子較明顯，眼尾處稍有細長線；耳朵像貓，形狀偏方圓；腿部的線條彎曲，爪的部分向上微翹；身上的附帶紋飾，一般都是用陰線勾勒，其中有彎茄形滴水狀的陰刻紋，是戰國時代的首創。

到了漢代，螭龍紋的特色是眉毛向上豎，並往內鉤，若隱若現，柔中有剛。而元明時代常常仿製漢代的螭龍紋，但眉毛部分較深且粗，相對生硬許多，不如漢代螭龍紋的細緻生動。至於清代，則首次出現唇上帶龍鬚的螭龍紋，而除了龍爪螭紋外，也出現了獸足螭紋。

清代螭虎蜜蠟帽花

長度：50mm，寬度：38mm，厚度：12mm，重量：18g

螭虎又稱「夔龍」，此種紋飾最早出現於戰國時代，在戰國晚期的玉器上，便常見螭虎紋飾。自漢以降，螭虎的圖騰更廣為使用於各種工藝品上。據《宋書・禮志》記載：「漢高祖入關，得秦始皇藍田玉璽螭虎鈕，印文曰：『受天之命，皇帝壽昌』。高祖佩之，後代名曰傳國璽。」

東漢永元元年（西元89年），班固於燕然山刻石記竇憲大破匈奴之功，撰寫了〈封燕然山銘〉，文中有「鷹揚之校，螭虎之士」一句，由此可見，螭虎所代表的形象，是英明神武、力量與權勢兼具的王者風範。

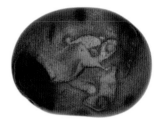

透光

明代螭虎琥珀帽花

長度：44mm，寬度：30mm，厚度：10mm，重量：16g

　　晉代張華在《博物志》中提到：「螭虎其形似龍，性好文彩，故立於碑文上。」在許多典籍或文學作品中，也常將螭虎用於比喻驍勇善戰的軍士。除東漢班固的〈封燕然山銘〉一文外，唐代詩聖杜甫的〈壯遊〉一詩也以螭虎喻勇：「翠華擁吳嶽，螭虎嘷豺狼。」

　　正因螭虎代表權勢和王者風範，從漢代開始，螭虎的形象便常被雕刻在玉璽上。例如，東漢衛宏的《漢舊儀》記載：「皇帝六璽，皆白玉螭虎鈕。」蔡邕記載先秦兩漢禮制的《獨斷》也提到：「天子璽以玉螭虎鈕。」

　　由於螭虎的身軀蜿蜒多變，匠師們常利用此特性，創造出許多美麗繁複的圖騰。

後 記

收藏心得

父親收藏到的第一件琥珀文物，是一塊「福在眼前」琥珀蝴蝶牌片（見下圖），時間是1990年。當時在文物市場上有為數不少的蝴蝶玉器，而在專注於收藏蝴蝶玉器的同時，偶然發現到琥珀的蝴蝶牌片和玉器的蝴蝶牌片，無論在形制或紋飾上竟是完全相通的。爾後，父親在收藏玉器和雜項時，總是會特別注意琥珀文物。由於當時琥珀文物的交易不像玉器那麼熱絡，價格相對較為便宜，所以只要看中意的，且價格在合理範圍內，父親就會買下來收藏，題材也不再局限於琥珀蝴蝶或昆蟲。

到了1995年，由於國內交易市場日趨熱絡，玉器價格逐漸攀升，比起玉器，琥珀文物的價格相對合理。父親除了仍持續收藏玉件之外，對於手感溫潤、樸拙的琥珀文

清代福在眼前琥珀牌片
長度：66mm，寬度：40mm，厚度：4mm，重量：18g

物更是愛不釋手。從2000年開始，中國經濟突飛猛進，對岸開始風行賞玉玩玉，無論是明清老件或和闐新玉，一夕之間都水漲船高，品相好的玉器不但越來越少，價格也日益昂貴；相形之下，數量比玉器還要稀有的琥珀文物，反而成為最有潛力的收藏標的，於是父親便將首要的收藏項目，由玉器改為以琥珀為主。一些從事文物買賣，長年提供父親玉件的朋友，也開始為他到中國各地搜尋琥珀，有機會到世界各國旅行之際，也必定造訪當地的古董文物店，尋覓流落海外的中國琥珀老件。十餘年不斷收藏下來，由各地匯集而來的琥珀文物，一一都收納在錦盒之中，長年累月，錦盒的數量逐漸超越原本收藏的玉器和雜項，自成一格。

琥珀的學問博大精妙，一入其門深似海

2008年，筆者自海外歸國，開始將父親所收藏的琥珀老件稍做整理歸納，才發現中國琥珀文物的學問竟如此博大而精深。傳世的琥珀文物形制琳瑯滿目，有佩掛用的圓雕把玩件、文房用品、扳指、帽花嵌件、帶鉤帶扣、珠寶小盒、鼻煙壺等等。光是帽花一種形制，就有瓜果紋、花葉紋、龍紋、鳳紋、鹿紋、鶴紋等各種不同紋飾，種類相當豐富；而每一種紋飾所隱含的故事和歷史背景，更是令人嚮往，為之著迷。

在整理和拍照的這段期間，也遇到了許多收藏的同好，互相交流砥礪之下，識別的眼光也逐漸提升，十分感謝這些好友的指導。在研究琥珀文物的過程中，參觀博物館、閱讀相關書刊，甚至閱讀考古的出土報告，都是必要的功課，尤其是在2010年於故宮展出的「黃金旺族：內蒙古博物院大遼文物展」，其中各式的遼金琥珀文物，更是讓人眼界大開。

近年來，由於大陸經濟崛起，許多原本掌握在海外藏家手中的文玩物件，逐漸回流到中國內地，早期在台灣長期從事文物買賣的古董商們，也都將事業重心轉往大陸發展。因此一般市面上，已難再找到價格合理的好物件，這對於想入門收藏的初學者而言是一大考驗。以

現在的市場機制來看，收藏家必須要具備更超越以往的豐富知識及辨識能力；而培養辨識能力的方法，除了先前所提到的「三不」和「三多」之外，藏家本身也要秉持著健康的收藏心態，才不易受騙上當。

何謂健康的收藏心態？首先，千萬不要抱持貪小便宜的「撿漏」心態，也就是想用低於市場行情的價格來買到正確的藏品。無論在拍賣會中或文物攤位上，在目前的古玩市場，幾乎是不可能存在「撿漏」的機會。資訊發達的現今社會，市場上只要出現品相良好的物件，很快就會在藏家之間口耳相傳開來，如此一來，價格自然就只有向上追高的份了。

再者，初入門的收藏家千萬要切記，遇到好的藏品，能上手就是福氣，想入手則要靠緣分，千萬不要強求。以筆者的經驗來看，古玩文物的買賣，緣分非常重要，老東西會自己找主人，緣分到了，自然會往你手上跑；緣分盡了，你想留都留不住，十分玄妙。另外，還要小心虛構的文物背景故事，像是某某祖先從大陸逃難來台，身上就只帶著這件寶貝，或是某某將軍的後裔因家道中落，子孫不肖才將家中的寶貝賤賣等等，都是相當常見的虛構故事，戒之慎之。

古玩是一門好學問，也是一項好興趣，有時還是一種好生意。以下是筆者父親的一些收藏經歷，提供出來與大家分享，希望能有更多人勇於樂於接觸古玩、欣賞古玩，有朝一日也能玩出興趣與心得。

琥珀小印，記錄一段藏家之間珍貴的深厚情誼

這些小巧玲瓏的琥珀印章，是父親的好友，寄暢園主人張允中先生的舊藏。在兩岸三地華人收藏圈中，「寄暢園」的堂號可謂如雷貫耳，無人不知無人不曉，主人張允中先生出身台中望族，自幼家境優渥，家中掛滿名家字畫，古董珍玩俯拾即是。在此環境耳濡目染下，張先生早在青少年時期就已練就一身鑑別古物的好功夫，二十六歲時，隻身赴日從事電梯代理商，賺足了一筆資金，在三十歲而立之年，即於東京西麻布六本木地區成立了「有駕堂」文物商店，從此便

琥珀小印

投身於古董文玩事業中。由於眼光精準、商譽良好，張先生的名氣很快便在古董圈中傳了開來，並被日本業界尊稱為「六本木先生」，獲得了相當豐碩的成就。返台後，張先生選擇在環境優美的大溪鴻禧山莊建立了一座仿明代園林建築的「寄暢園」，園內除了中國古董、文房清翫外，日本藝術、當代書畫、歐洲玻璃名家的作品琳瑯滿目，其經營範圍既廣且深，收藏規模之大，令人嘆為觀止。

父親與張先生為多年好友，印象中每逢周末，常會約三五好友和全家人到寄暢園作客，除了欣賞古董文翫外，當時園內還提供道地的客家料理，由張夫人的妹妹掌廚，滋味醇厚鮮美，充分滿足了視覺與味蕾，如此豐盛的智識饗宴，至今仍難忘懷。依稀記得，某次在欣賞張先生的古董木箱收藏時，在其中一個檀木提箱中，無意中發現了一批琥珀小印。

據中國的考古紀錄，琥珀製印的年代可推至漢代，而這批琥珀小印，按照刻工和表面皮殼來看，應該屬於清代匠師所製，供當時的文人雅士把玩之用，實用性質不高。這批小印年代雖然較淺，但是精緻可愛，每顆都有不同的紋飾印鈕，父親一見便愛不釋手，隨即出口討價，希望張先生能割愛。從此，這套四十多顆的琥珀印章便成了父親入庫的珍藏逸品，除了本身的文物價值外，也記錄了一段藏家之間珍貴的深厚情誼。

帶冠龍紋蜜蠟牌片

帶冠龍紋蜜蠟牌片，老東西會自己找主人

中國古代的琥珀蜜蠟文物多以帽花、嵌件居多，圓雕類次之，牌類作品可說少之又少，能收得此款龍紋蜜蠟組牌，也是一個相當難得的機緣。

劉先生是父親十分熟識的古董商，從父親開始收藏文物起，便常和劉先生的父執輩做生意，彼此間信任度極好，跑單幫的劉先生，每個月都會到外地蒐集各種文物，返台後第一時間便會先到父親的辦公室，向他展示這次收到哪些精美物件，若有合意的，便現場談價交

易。某天，父親下班後心血來潮，到劉先生的店裡走走，想看看是否有未曾見過的遺漏珍品，在店內轉了一圈，並無所獲，正想告辭之際，目光瞥至劉先生的案頭上，那裡放了一塊古意十足的圓形蜜蠟牌片。向劉先生詢問下，才知道這塊牌片原來屬於一位老收藏家所有，老藏家也是劉先生的主顧之一，由於財務一時吃緊，又有現金急用，便將此塊珍藏的蜜蠟牌片抵押給劉先生，倘若一個月內仍籌不出錢來還，此件牌片便歸劉先生所有。

蜜蠟牌片原本就十分稀少，主題又是帶冠龍紋，再加上按其表面的皮殼風化程度來判斷，應屬明代之前的皇室用品。父親看了自然相當喜愛，想向劉先生購買，但劉先生揮揮手說：「不屬於我的物品，我不能賣你，這樣好了，等一個月的約定時間過後，若主人未帶錢來取貨，我便將此件牌片帶到辦公室給你，到時我們再來談價錢。」一個月過後，主人並未出現，劉先生便依約將它賣給了父親，此件珍寶才如願入了父親的庫房。

收藏界流傳著一句話：「老

東西會自己找主人。」買賣文物時不可強求，該是你的便是你的，或許在當初父親上手此件蜜蠟牌片之際，它便已認定父親是他的主人，只是在等待時機罷了。

遼金琥珀瓔珞和螭龍握手，國寶級的珍貴文物

此串琥珀瓔珞和螭龍握手，是父親琥珀收藏中最為珍貴的國寶級文物。遼金時期的琥珀文物，是琥珀藏家們心中的夢幻逸品，而成串成對的瓔珞握手，一般只會出現在博物館中展示，民間藏家很難有機會能上手。

父親常往來的古董商中，有一對來自內蒙古的夫婦，由於地緣關係，他們偶爾能拿到一些年代不錯的玉器或琥珀圓雕，但通常擺在店面櫥櫃內的都不是上等珍品，父親每次到他們店裡，都愛和兩夫妻抬

從陳國公主墓出土的琥珀
瓔珞原有內外兩串。

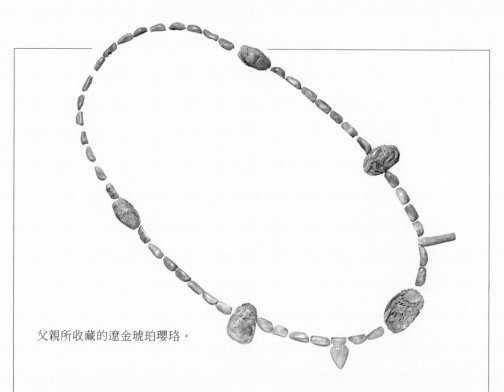

父親所收藏的遼金琥珀瓔珞。

槓，虧他們都把好東西藏起來，只留些殘缺破爛的給客人。通常經過父親這麼一激之下，老闆都會賭氣地將藏在檯面下的好貨拿出來讓父親欣賞，父親再趁機下手購買。

某次，父親又逛到他們店裡，看了一輪東西後，又開始感嘆東西越來越難找，每次到他們店裡都買不到好物件。老闆聽了，又怒氣沖沖地轉身到店裡頭拿了一盒東西出來，只見他小心翼翼地把裝在盒內包著衛生紙的物件一一攤開，一件一件慢慢拼湊起來，一看之下，父親心裡頭一陣驚訝，眼前竟是一整套遼金時期的琥珀瓔珞，細細觀察後，不但整串作品的品項完整無缺，刻工和皮殼也十分開門，雖然實際年代無法確定，但一看就是難得的老件。父親壓抑著內心的激動，不形於色地向老闆開口問價，想當然耳，如此珍貴的國寶級珍品要價絕對不斐，幾經討價還價過後，雖然超過預算許多，但父親仍是咬著牙將這套難得一見的琥珀瓔珞買了下來。

多年過後，父親每每想起此事都會說，幸好當初有買下來，不然今天一定會後悔。有時候，買古董的心情就如同買房地產一樣，購買的當下一定會因價格而卻步，但只要是好的物件，就要相信自己的眼光，買了以後一定不會後悔。

漢代琥珀小獸

　　這件琥珀小獸個頭雖小，但來歷卻不小，這是父親近期內收到的珍品。

　　每逢周末，到建國玉市走走晃晃，已是父親長年以來的習慣。玉市裡幾個熟識的老商家，從攤販做到自有店面的不在少數，另外還有幾位專跑單幫的古董商，做得不錯的，近年來也都往中國發展，此消彼長之下，在玉市內要找到好物件的機率越來越少了。由於漢代琥珀材料取得困難，再加上保存不易，雖然在經史典籍內曾出現相關記載，但傳世的漢代琥珀製品甚為稀少。對父親而言，這位商家在玉市內算是生面孔，據他所說，此件琥珀小獸是在河南鄭州一帶向鄉下村民收購而來，這商家也算是識貨的行家，知道這件作品的歷史價值非凡，開價十分昂貴，父親和他磨了好幾周，才講到一個雙方都能接受的價格。

　　數月後，父親到北京出差時，在古玩城的一個店鋪內也曾看過類似的漢代琥珀圓雕小獸，其價格與父親當時買的數目相同，但單位卻是以人民幣來計算。後來，父親又在玉市同個攤位上看到一件難得的琥珀司南珮，商家開出來的價格令人咋舌，幾經考慮之下，隔周父親想再回頭出價時，卻怎麼也找不到那位商家的蹤影了，或許是與它的緣分還沒到吧。

正面

側面

傳世的漢代琥珀製品甚為稀少，
這件漢代琥珀小獸更顯珍貴。

名詞釋義

山子
山子是中國雕刻藝術中的一種特殊形制，外型以整座山或整顆石頭呈現，並隨著材料的形狀和顏色，巧妙地雕出山水或人物等立體景觀。

包漿
包漿是指古董器物的表面，經不同時代的藏家們長期把玩後，因手上的溫度和汗漬層層堆疊，逐漸形成一層有如玻璃般的薄膜，呈現出自然溫潤的光澤和色彩。

皮殼
在古董器物的表面上，經長時間風化作用而產生自然老化的橘皮紋路，稱為皮殼。

血珀
血珀是出土年代久遠的透明琥珀，顏色呈紅色或深紅色，產量不多，除了中國撫順煤層有產出外，波羅的海岸的波蘭也是盛產血珀的地方。

柯巴脂
柯巴脂（Copalli）是一種天然樹脂，因埋藏於地層中的年代不足（通常低於300萬年），且未經幾千萬年地層的壓力及熱將樹脂轉化，因此不能稱為琥珀。柯巴脂中也常見包覆昆蟲或花草等內容物；在外觀上，柯巴脂較為通透，顏色多呈淡黃色澤，而琥珀的內含物較高，顏色則偏橘黃。

掏膛
掏膛是傳統工藝中常見的技藝之一，在製作瓶、壺、杯、碗等器物時，工匠會使用管狀的工具將材料的內部掏空，經管狀工具琢磨過後，器物的膛內會留下一根柱體，最後再用小槌子將柱體敲斷，完成掏膛的程序。

捺缽（讀音那波）
捺缽是契丹語，女真語則稱之為「剌缽」，漢語可譯為行營、營盤或行宮。遼代契丹貴族大都精於騎射，喜好行圍打獵，並會隨著季節氣候四時遷徙，進行「春水」、「夏涼」、「秋山」、「坐冬」等活動，就稱為捺缽。

開門
古玩鑑賞的專用術語，也叫「開門見山」，意思是說器物的形制、工藝、文字及鏽色和包漿（氧化層）都很自然，具備了所應有的特徵，行家一眼就可辨識。通常評價一件古玩時說：「開門貨」，就是說此件古玩是一件一眼就能看明白的老件。

煤珀

或稱烟煤精，是一種與煤礦共生的琥珀，這種煤珀內部包覆著不同形狀、色彩的獨特內含物質，相較於一般通透的琥珀更饒富趣味。中國產區主要在遼寧省撫順市的西露天礦。

摩氏硬度

摩氏硬度是奧地利礦物學家弗雷德里克・摩氏（Frederich Mohs）在1812年所提出的礦物硬度分類表。他將十種常見的礦物按照彼此抗刻劃能力的大小依序排列，從硬度最小的滑石到硬度最大的鑽石共分成十級。

鋪首

門扉上的環形飾物，大都冶獸首銜環之狀，用以鎮凶辟邪。一般多以金屬製作，做椒圖、饕餮、獅、虎、螭龍、龜、蛇等形。

瑿珀

瑿珀是琥珀中最為珍貴的一種，中國古代視之為黑色美玉。據《天工開物》記載：「琥珀最貴者名曰瑿，紅而微帶黑，然晝見則黑，燈光下則紅甚也。」

優化琥珀

天然琥珀經過加熱或加壓處理，以提高其硬度及透明度。此種優化琥珀在波羅的海一帶相當常見，硬度和透明度都比原始的琥珀佳，常被用來製成串珠或手鐲。其分辨方式相當簡單，優化琥珀的內部常有顯而易見的圓盤狀或蓮葉狀加熱裂紋，某些優化琥珀中央部分會產生雲霧狀的內含物，這是琥珀本身的琥珀酸，因加熱加壓的關係而往內部集中。

壓縮琥珀

這是真琥珀中價值最低者，是由細小的琥珀碎塊添加黏著劑後，經加熱加壓製成。常被用來製成仿冒的蟲珀，或是添加螢光劑製成非天然的藍珀、綠珀。

蟲珀

包覆昆蟲的琥珀，屬於琥珀礦中極為珍貴的品種。完整的蟲珀相當稀有，依其包覆昆蟲的品種不同，某些蟲珀的價格甚至比黃金更高。

鹽水比重法

判別琥珀真偽的一種簡易方法。鹽與水以1：4的比例調配（每100毫升的水添加14公克的鹽），天然琥珀可浮於鹽水之上，而坊間常見的仿製琥珀則會沉入鹽水中。

《中國琥珀賞玩誌》 YL5020C

作者／繪圖　楊惇傑

企畫選書　謝宜英

協力責編　莊雪珠

行銷業務　張芝瑜　李宥紳

校　對　楊惇傑　莊雪珠　李鳳珠

美術設計　吳文綺

總 編 輯　謝宜英

編輯顧問　陳穎青（老貓）

出 版 者　貓頭鷹出版

發 行 人　涂玉雲

發　行　英屬蓋曼群島商家庭傳媒股份有限公司城邦分公司

104台北市中山區民生東路二段141號2樓

劃撥帳號：19863813　　戶名：書虫股份有限公司

城邦讀書花園：www.cite.com.tw

購書服務信箱：service@readingclub.com.tw

購書服務專線：02-25007718～9（週一至週五上午09:30-12:00；下午13:30-17:00）

24小時傳真專線：02-25001990～1

香港發行所　城邦（香港）出版集團／電話：852-25086231／傳真：852-25789337

馬新發行所　城邦（馬新）出版集團／電話：603-90563833／傳真：603-90562833

印 製 廠　成陽印刷股份有限公司

初　版　2013年4月

定　價　新台幣600元／港幣200元

ISBN 978-986-262-136-3

讀者意見信箱　owl@cph.com.tw

貓頭鷹知識網　http://www.owls.tw

歡迎上網訂購；大量團購請洽專線02-25007696轉2729

明代太師少師蜜蠟圓雕

國家圖書館出版品預行編目(CIP)資料

中國琥珀賞玩誌 / 楊惇傑著. -- 初版. -- 臺北
市：
貓頭鷹出版 ：家庭傳媒城邦分公司發行，
2013.04
　面；　公分
ISBN 978-986-262-136-3(精裝)
1.琥珀

359.49   102004549